国家示范性中职院校建设项目教材丛书

数控机床零件加工实训教程

邱 晔 主 编

张成林 王铁楠 副主编

U0313519

中国铁道出版社

2016年·北京

内 容 简 介

本书以"基于工作过程"为向导,借鉴国家示范校建设中的职业教育理念,将大连市职业技能鉴定的要求融入国家职业资格标准。通过11个学习情境训练(其中5个中级鉴定件,5个高级鉴定件,1个技师鉴定件)使学生分别能够达到中级、高级及技师数控车工的操作技能。

本书在内容上力求思想先进、理论科学、方法有效、可操作性强。在知识讲解中以职业院校学生应用能力出发,遵循专业理论的学习规律和技能形成规律。按照由低到高的顺序,设计一系列的学习情境来引领学生进行学习,逐步实现在校加工零件的实操训练与工厂真实零件加工过渡,并为参加相应等级的技能鉴定作准备。

本书可作为中职院校数控专业的实训教材,也可作为培训机构和企业员工参加技能鉴定的培训教材,以及相关技术人员的参考用书。

图书在版编目(CIP)数据

数控机床零件加工实训教程/邱晔主编. —北京:中国铁道出版社,2016.8

(国家示范性中职院校建设项目教材丛书)

ISBN 978-7-113-17260-2

Ⅰ.①数… Ⅱ.①邱… Ⅲ.①数控机床-车床-零部件-加工-中等专业学校-教材 Ⅳ.①TG519.1

中国版本图书馆 CIP 数据核字(2013)第 196513 号

书　　名:	国家示范性中职院校建设项目教材丛书 **数控机床零件加工实训教程**
作　　者:	邱晔　等
策　　划:	江新锡　徐　艳
责任编辑:	王　健　徐　艳　　　　编辑部电话：010-51873193
封面设计:	王镜夷
责任校对:	焦桂荣
责任印制:	陆　宁　高春晓

出版发行: 中国铁道出版社(100054,北京市西城区右安门西街 8 号)

网　　址: http://www.tdpress.com

印　　刷: 北京市昌平百善印刷厂

版　　次: 2016 年 8 月第 1 版　2016 年 8 月第 1 次印刷

开　　本: 787 mm×1 092 mm　1/16　印张: 13.75　字数: 336 千

书　　号: ISBN 978-7-113-17260-2

定　　价: 43.00 元

前　言

　　本教材是我校"国家中等职业教育改革发展示范学校"项目中系列理论研究和实践成果之一。本书以提高教育质量为原则，突出我校"产教"结合办学模式，将企业产品融入到教学之中，同时针对我校数控加工专业改革的需要，特组织企业、行业专家和骨干教师共同编写完成。

　　本教材在内容的安排上参照我校学生实际技能水平情况和企业对产品的要求，对数控加工专业学生重点强调"会识图、会画图、会分析图"的思路，以此做到知识和技能、理论与实践的完美组合，有利于增强中职院校学生的就业竞争力，以满足市场对数控加工专业技能型人才需求的需要。从现代中职人才培养目标出发，结合我国数控加工的现状与技术岗位特点，依照企业对高技能人才理论知识和操作能力的要求，参照国家职业标准，确定教材的深度和广度。

　　本教材以大连市职业技能鉴定数控车工中级、高级、技师相关等级的鉴定题目为基础，本着提高教学质量为原则，同时针对我校数控车床专业教学改革的需要，特组织本校专业教师及有关专业人员共同编写。本书按照"边设计，边实践，边推广"的思路，在教学中进行了探索和尝试，并不断总结和完善，以基于工作过程为导向，以学习情境课程为主体，以实际操作为主线，具有鲜明的中职特色的模块化课程体系。本书也是我校在职业教育课程改革方面系列理论研究和实践成果之一。

　　本教材在内容上按照国家职业技能鉴定标准的要求，以培养具备工艺数控编程、数控机床操作等专业能力和较强的创新能力，服务于机械制造行业的生产和管理第一线需要的高技能应用型人才为目标，将工作中不同的工作任务和工作环节进行能力分解，细化成若干能力点并将专业知识和技能训练融入到课程内容中。

　　本书由大连机车技师学院的邱晔老师为主编，张成林老师、王铁楠老师任副主编。在编写过程中得到了学校各级领导及同仁们的大力支持，同时参考相关的教科书和资料，在此一并表示衷心的感谢。

　　由于编者水平有限，加之时间仓促。书中难免有欠妥和错误之处，恳请广大读者批评指正。

编者

2015 年 5 月

目 录

项目一 中 级 篇

学习相关知识

一、数控机床

数控机床是一种装有程序控制系统的自动化机床。该系统能够应用数字化信息对机械运动及加工过程进行控制，实现刀具与工件相对运动，从而加工出所需要的零件（产品）的一种机床，称为数控机床。

1948 年，美国帕森斯公司接受美国空军委托，开始研制飞机螺旋桨叶片轮廓检测用样板的加工设备，首次提出采用数字脉冲控制机床的设想。后又与麻省理工学院合作研制成功世界第一台三坐标铣床，当时的数控系统采用电子管元件控制，可做直线插补。经过 3 年的试用、改造与提高，数控机床与 1955 年进入实用化阶段。从此，其他一些国家，如日本、德国和前苏联等都开始研究数控机床。我国与 1958 年开始研制数控技术，目前，以华中数控、广州数控为代表，也已将高性能数控系统产业化。

（一）数控机床的组成及工作原理

1. 数控机床的组成

数控机床的基本组成包括输入/输出装置、控制介质、数控装置、伺服系统（驱动与反馈系统）、机床主体和其他辅助装置组成。数控机床的组成如图 1-1 所示。

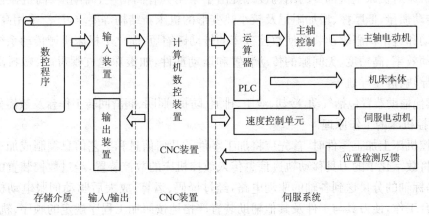

图 1-1　数控机床的组成框图

（1）输入/输出装置输入装置是将数控指令输入给数控装置。根据程序载体的不同，相应有不同的输入装置。目前主要有键盘输入操作者可利用操作面板上的键盘输入加工程序的指令，磁盘输入、CAD/CAM 系统直接通信方式输入和连接上级计算机的 DNC（直接数控），该方式多用于采用 CAD/CAM 软件设计的复杂工件并直接生成零件程序的输入等，因此人们在使用数控机床时与其必须建立某种联系,这种联系须通过输入/输出装置来实现。输出装置是根据控制器的命令接受运算器的输出脉冲,并将其送到各坐标的伺服控制系统,经过功率放大,驱动伺服系统,从而控制机床按规定要求运动。

(2)控制介质　控制介质是指加工程序载体,零件加工程序以指令的形式记载各种加工信息,如零件加工的工艺过程、工艺参数、刀具运动和辅助运动等,常见的控制介质有穿孔纸带、盒式磁带、软磁盘、U 盘等。

(3)数控装置　是数控机床的核心,其功能是接受输入的加工信息,经过数控装置的系统软件和逻辑电路进行译码、运算和逻辑处理,向伺服系统控制机床运动部件按加工程序指令运动。

(4)伺服系统(驱动与反馈系统)　是数控装置与机床本体之间的电传动联系环节,也是数控系统的执行部分。其主要作用是把接受来自数控装置的指令信息,经功率放大、整形处理后,转换成机床执行部件的直线位移或角位移运动。由于伺服系统是数控机床的最后环节,其性能将直接影响数控机床的精度和速度等技术指标,因此,伺服系统的性能决定了数控系统的精度与快速响应性能。

伺服系统包括驱动装置和执行机构两大部分。驱动装置由主轴驱动单元、进给驱动单元和主轴伺服电动机、进给伺服电动机组成。目前,数控机床驱动装置所使用的有步进电动机、直流伺服电动机、交流伺服电动机和直线电动机等。

测量元件将数控机床各坐标轴的实际位移值检测出来并经过反馈系统反馈到机床的数控装置中,数控装置对反馈回来的实际位移值与指令值进行比较,并向伺服系统输出达到设定值所需的位移量指令。

(5)机床主体　包括床身、底座、立柱、横梁、滑座、工作台、主轴箱、进给机构、刀架及自动换刀装置等机械部件,它是数控系统的各种运动和动作指令转换成准确的机械运动和动作,以实现数控机床各种切削加工的机械部分。

数控机床对机床主机部分的结构设计提出了采用具有高精度、高刚度、高抗振性、高谐振频率、低传动惯量、低摩擦、增加阻尼及较小热变形的机床新结构等要求,广泛采用高性能的主轴伺服驱动和进给伺服驱动装置使数控机床的传动链缩短,简化了机床机械传动系统的结构。采用高传动效率、高精度、无间隙的传动装置和运动部件,如滚珠丝杠螺母副、塑料滑动导轨、直线滑动导轨、静压导轨等。

(6)其他辅助装置　包括气动、冷却、液压、排屑、防护、照明、润滑回转工作台及数控分度头等。

2. 数控机床的工作原理

在数控机床上加工零件时,首先应将加工零件的几何信息和工艺信息编制成加工程序,由输入部分将数字化了的刀具移动轨迹信息传入数控机床的数控装置,经过数控装置的处理、运算,按各坐标轴的分量送到各轴的驱动电路,经过译码、运算、放大后驱动伺服电动机,带动主轴和工作台工作,使刀具与工件及其他辅助装置严格地按照加工程序规定的顺序、轨迹进行工作,从而加工出符合编程设计要求的零件。

(二)数控机床的分类

1. 按工艺用途分类

(1)金属切削类数控机床　包括数控车床、数控铣床、数控钻床、数控磨床、数控镗床以及加工中心等。

(2)金属成型类数控机床　是用金属成型的方法使毛坯成为成品或半成品的机床,包括数控折弯机、数控组合冲床和数控回传头压力机等。

(3)数控特种加工机床包括数控线切割机床、数控电火花加工机床、火焰切割机和数控激光切割机床等。

2. 按运动控制轨迹分类

(1)点位控制数控机床点位控制是指只控制机床的移动部件的终点位置,而不管移动部件所走的轨迹如何,可以一个坐标移动,也可以两个坐标同时移动,在移动过程中不进行切削。这种控制方法用于数控钻床、数控镗床和数控座标镗床、数控点焊机和数控折弯机等。

(2)直线控制数控机床直线控制方式就是刀具与工件相对运动时,除控制从起点到终点的准确定位外,还要保证平行坐标轴的直线切削运动,也可以按45°进行斜线加工,但不能按任意斜率进行切削。主要有不带插补的简易数控车床、数控磨床及数控铣床等。

(3)轮廓控制数控机床轮廓控制又称连续切削控制系统,是指刀具与工件相对运动时,能对两个或两个以上坐标轴的运动同时进行控制。属于这类机床的有数控车床、数控铣床、加工中心等,其相应的数控装置称为轮廓控制装置。轮廓数控装置比点位、直线控制装置结构复杂很多、功能也全,同时价格也相应贵。

3. 按进给伺服系统有无检测装置分类

(1)开环进给伺服控制系统数控机床开环进给伺服系统是指不带反馈的控制系统,即系统没有位置反馈元件,伺服驱动元件一般为功率步进电动机或液压马达。输入的数据经过数控系统的运算,发出指令脉冲,通过环形分配器和驱动电路,使步进电动机或液压马达转过一个步距角。在经过减速齿轮带动丝杠旋转,最后转为工作台的直线移动。移动部件的移动速度和位移量由输入脉冲的频率和脉冲数决定,如图 1-2 所示。

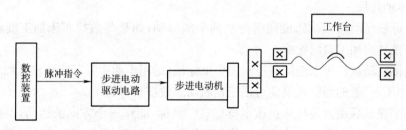

图 1-2　开环进给伺服控制系统

这类系统具有结构简单、调试方便、维修简单、价格低廉等优点,在精度和速度要求不高、驱动驱动力矩不大的场合得到广泛应用。

(2)闭环进给伺服控制系统数控机床闭环进给控制系统是在机床的移动部件上直接装有位置检测装置,将测量的结果直接反馈到数控系统装置中,与输入的指令位移进行比较,从而使移动部件按照实际的要求运动,最终实现精确定位,如图 1-3 所示。

该系统主要应用于精度要求很高的数控镗铣床、超精车床、超精磨床以及较大型的数控机床等。

(3)半闭环进给伺服控制系统数控机床半闭环进给伺服系统是将角位移检测元件安装在伺服电动机的轴上或滚珠丝杠的端部,不直接反馈机床的位移量,而是检测伺服机构的转角,将此信号反馈给数控装置进行指令值比较,利用其差值控制伺服电动机转动。由于惯性较大的机床移动部件不包括在检测范围之内,因而成为半闭环控制系统,如图 1-4 所示。

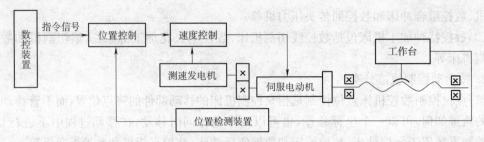

图 1-3　闭环进给伺服控制系统

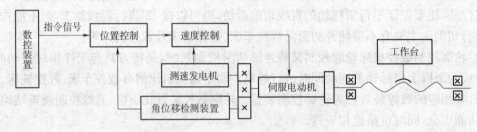

图 1-4　半闭环进给伺服控制系统

该系统半闭环数控系统结构简单、调试方便,精度也较高,因而在现代 CNC 机床中得到广泛应用。

4. 按可控制联动轴数分类

数控机床可控制联动的坐标轴,是指数控装置控制几个伺服电动机,同时驱动机床移动部件运动的坐标轴数目。

(1)两坐标轴联动数控机床能同时控制两个坐标轴,如某些数控车床加工旋转曲面回转体,数控镗床镗铣削加工斜面轮廓。

(2)三坐标联动数控机床能同时控制三个坐标轴,适用于曲率半径变化较大和精度要求较高的曲面的加工,一般的型腔模具均可用三轴联动的数控机床加工。

(3)两轴半坐标联动数控机床机床本身有三个坐标,能作三个方向的运动,但控制装置只能同时控制两个坐标,而第三个坐标只能作等距周期移动。例如,用两轴半坐标联动数控铣床加工图 1-5 所示空间曲面的零件时,先是 Z 轴和 X 轴联动加工曲线,接下来 Y 轴做步进运动,然后 Z 轴和 X 轴联动再加工曲线,Y 轴再做步进运动,经过多次循环最终加工出整个曲面。

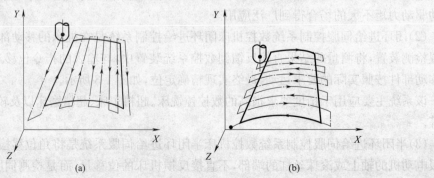

(a)　　　　　　　　　　(b)

图 1-5　两轴半坐标联动数控机床

(4)多坐标联动数控机床能同时控制四轴及四轴以上坐标轴联动。加工曲面类零件最理想的是选用多坐标联动数控机床。例如,六轴联动铣床,工作台除 X 轴、Y 轴、Z 轴三个方向可直线进给外,还可以绕 Z 轴旋转进给(C 轴)、刀具主轴可绕 Y 轴旋转进给(B 轴)、工件绕 X 轴旋转进给(A 轴)。但多坐标数控机床的结构复杂、精度要求高,同时程序编制也复杂,如图 1-6 所示。

(三)数控机床坐标系统

数控机床都是按照事先编好的零件数控加工程序自动地对工件进行加工。数控机床的坐标系是用来确定其刀具运动的依据。因此,坐标系统对数控程序设计极为重要,为了描述机床的运动,简化程序编制的方法及保证记录数据的互换性,数控机床的坐标系和运动方向已标准化。

1. 数控机床坐标系的确定

数控机床加工零件是由数控系统发出的指令来控制,为了确定机床的运动方向和移动距离,需要在数控机床上建立一个坐标系,即机床坐标系。数控机床坐标系用右手笛卡尔坐标系作为标准确定。右手笛卡尔坐标系如图 1-7 所示。

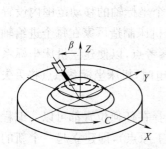

图 1-6 多坐标联动数控机床

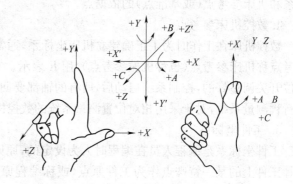

图 1-7 右手直角笛卡尔机床坐标轴

(1)伸出右手的大拇指、食指和中指互成 $90°$,则大拇指代表 X 坐标,食指代表 Y 坐标,中指代表 Z 坐标。

(2)大拇指的指向为 X 坐标的正方向,食指的指向为 Y 坐标的正方向,中指的指向为 Z 坐标的正方向。

(3)围绕 X、Y、Z 坐标旋转的旋转坐标分别用 A、B、C 表示,根据右手螺旋定则,大拇指的指向为 X、Y、Z 坐标中任意轴的正向,则其余四指的旋转方向即为旋转坐标 A、B、C 的正向。

(4)运动方向的规定,增大刀具与工件距离的方向即为各坐标轴的正方向。

2. 数控机床坐标轴方向的确定

(1)Z 坐标

Z 坐标的运动方向由传递切削动力的主轴决定,即平行于主轴轴线的坐标轴即为 Z 坐标,Z 坐标的正向为刀具离开工件的方向。

如果机床上有几个主轴,则选一个垂直于工件装夹平面的主轴方向为 Z 坐标方向,如果主轴能够摆动,则选垂直于工件装夹平面的方向为 Z 坐标方向;如果机床无主轴,则选垂直于工件装夹平面的方向为 Z 坐标方向。

（2）X 坐标

X 坐标平行于工件的装夹平面，一般在水平面内确定 X 轴的方向时，要考虑两种情况：

①如果工件做旋转运动，则刀具离开工件的方向为 X 坐标的正方向。

②如果刀具做旋转运动，则分为两种情况：

a.Z 坐标水平时，观察者沿刀具主轴向工件看时，$+X$ 运动方向指向右方。

b.Z 坐标垂直时，观察者面对刀具主轴向立柱看时，$+X$ 运动方向指向右方。

（3）Y 坐标

在确定 X、Z 坐标的正方向后，可以根据 X 和 Z 坐标的方向，按照右手直角坐标系来确定 Y 坐标的方向。

3. 数控机床原点

数控机床一般都有一个基准位置（$X=0$、$Y=0$、$Z=0$）称为机床原点（或称机械原点、机床零点），用 M 表示，由机床厂家确定，是一个固有的点，根据机床数控系统的不同而异，是机床加工的起始依据点，是建立测量机床运动坐标的起始点，一般设在各坐标轴正向极限位置处。机床坐标系建立在机床原点上，是机床上固有的坐标系，是其他坐标系，如加工坐标系、编程坐标系和机床参考点（或基准点）的依据点。

4. 数控机床参考点

数控机床在工作时为了正确建立机床坐标系，通常在每个坐标轴的移动范围内设置一个参考点称机床参考点（也称机械参考点），用 R 表示。它是由机床制造厂家在每个进给轴上用限位开关调整好的，控制系统启动后，所有的轴都要回一次参考点，以便建立机床坐标系和校正行程测量系统，对于采用相对位置测量系统的数控机床断电时，机床坐标系原点将丢失。

5. 工件坐标系

工件坐标系是编程人员在编程时人为设定的，原则上选择在任何位置都可以。编程人员选择工件上的某一特殊点作为工件原点（或称编程原点、加工原点），即建立起一个新的坐标系，称为工件坐标系。工件坐标系一旦建立便一直有效，直到被新的工件坐标系取代。工件坐标系原点的设定要尽量满足编程简单，尺寸换算少且直观，引起的加工误差小等条件。一般情况下，应选在尺寸标注的基准或定位基准上。

数控机床编程时使用的坐标系为编程坐标系，加工时使用的坐标系为加工坐标系，二者统称工件坐标系。

6. 对刀点、刀位点和换刀点

（1）对刀点（起刀点）

对刀点（起刀点）是数控加工中刀具相对于工件运动的起点，是零件程序的起点。设定对刀的目的是确定工件零点（原点）在机床坐标系中的位置，即建立起工件坐标系与机床坐标系的相互关系。它可以设在工件上或工件外任何一点，也可以设在工件的定位基准有一定尺寸关系的夹具某一位置上。一般情况下，对刀点即是加工程序执行的起点，也是加工程序执行的终点。通常将设定对刀的过程看成是建立工件坐标系的过程。

（2）刀位点

刀位点是指编制程序和加工时，用于表示刀具特征的点，也是对刀和加工的基准点。车刀的刀位点是刀尖或刀尖圆弧中心；钻头的刀位点是钻头顶点；圆柱铣刀的刀位点是刀具中心与刀具底面的交点；球头铣刀的刀位点是球头的球心点或球头顶点。由于各类数控机床的对刀方法不完全相同,所以,对刀时应结合具体机床进行操作。

(3)换刀点

换刀点是为多刀加工的机床而设置的,因为这些机床在加工过程中间要自动换刀。换刀点应设在工件或夹具的外部,设定原则是以刀架转位时不碰撞工件和机床其他零部件为准,其设定值可用计算或实际测量的方法确定。

(4)"对刀点"和"换刀点"的确定原则

1)应便于数学处理和使程序编程简单。

2)设定在数控机床上易于找正的位置。

3)设定在加工过程中易于检查的位置。

4)引起的加工误差要小。

(四)数控机床加工技术

1. 数控机床的加工特点

数控机床与传统普通机床相比具有以下特点:

(1)具有高度柔性在数控机床上加工零件,主要取决于加工程序,与普通机床不同,不必更换刀具、夹具,不用经常调整机床。所以,数控机床适用于零件频率更换的场合,也适用于单件、小批生产及新产品的开发,缩短了生产准备周期,节省了大量工艺装备的费用。

(2)适应性强。由于数控机床能实现多个坐标的联动,所以数控机床能完成对复杂型面的加工,特别是对于可用数学方程式和坐标点表示的形状复杂的零件,加工非常方便。当改变加工零件时,数控机床只需更换零件加工的 NC 程序,不必用凸轮、靠模、样板或其他模具等专用工艺装备,且可采用成组技术的成套夹具。因此,生产准备周期短,有利于机械产品的迅速更新换代。所以,数控机床的适应性非常强。

(3)加工精度高数控机床有较高的加工精度,加工误差一般在 0.005～0.01 mm 之间。数控机床的加工精度不受零件复杂程度的影响,机床传动链的反向齿轮间隙和丝杠的螺距误差等都可以通过数控装置自动进行补偿,其定位精度比较高,同时还可以利用数控软件进行精度校正和补偿。

(4)加工质量稳定对于同一批零件,由于使用同一机床和刀具及同一加工程序,刀具的运动轨迹完全相同,且数控机床是根据数控程序自动进行加工,零件的加工精度和质量由数控机床来保证,可以避免人为的误差,这就保证了零件加工的一致性好且质量稳定。

(5)生产效率高数控机床结构好、功率大,能自动进行切削加工,所以能选择较大的切削用量,并自动连续完成整个零件的加工过程,能大大缩短辅助时间。因数控机床的定位精度高,可省去加工过程中对零件的中间检测,减少了停机检测时间。所以数控机床的加工效率高,一般为普通机床的 3～5 倍。

(6)减轻劳动强度。在输入程序并启动后,除了装卸工件、找正零件、检测、操作键盘、观察机床运行外,其他的机床动作都是按照加工程序要求自动连续地进行切削加工,直至零件加工完毕。这样就简化了工人的操作,使劳动强度大大降低。

(7)有利于生产管理的现代化。在数控机床上加工零件,可准确地计算出零件的加工工时,加工程序是用数字信息的标准代码输入,有利于和计算机连接,构成由计算机控制和管理的生产系统。

2. 数控机床的应用范围

数控机床的性能特点决定其应用范围。

(1)适合在数控机床加工的零件

①外轮廓复杂且加工精度要求高,用普通机床无法加工或虽然能加工但很难保证产品质量的零件。

②具有难测量、难控制进给、难控制尺寸的内腔的壳体或盒形零件。

③用数字模型描述的具有复杂曲线、曲面轮廓零件。

④必须在一次装夹中完成钻、铣、镗、锪、铰或攻丝(攻螺纹)等多工序的零件。

⑤用普通机床加工时难以观察、测量和控制进给的内外凹槽类零件。

⑥采用数控机床能成倍提高生产效率,大大减轻体力劳动强度的零件。

(2)不适合在数控机床加工的零件

①生产批量大的零件。

②装夹困难或完全靠找正定位来保证加工精度的零件。

③毛坯上的加工余量很不稳定,且数控机床没有在线检测系统可自动调整零件坐标位置的零件。

④必须用特定的工装协调加工的零件。

⑤需要进行长时间占机人工调整的粗加工零件。

⑥简单的粗加工零件。

3. 数控机床的发展趋势

计算机技术突飞猛进的发展为数控计算进步提供了条件,同时为了满足市场的需要,达到现代制造技术等都对数控机床提出的更高的要求。当前,数控技术及数控机床的发展方向主要体现为以下几方面:

(1)高速切削数控机床向高速化方向发展,不但可大幅度提高加工效率、降低加工成本,而且还可提高零件的表面加工质量和精度。超高速加工技术对制造业实现高效、优质、低成本生产有广泛的适用性。

数控机床高速主要表现在以下几个方面:

①数控机床主轴高转速。目前,日本的超高速数控立式铣床其最高转速可达到 100 000 r/min。

②工作台高速移动和高速进给。当今数控机床最高水平为分辨率 1 μm 时,最大进给速度可达 240 m/min;当程序段设定进给长度大于 1 mm 时,最大进给速度达 80 m/min。

③缩短刀具交换、托盘交换的时间。目前,数控机床换刀时间可以不到 1 s,工作台的交换速度可以到 6.3 s。

(2)高精加工。在高精加工的要求下,普通级数控机床的加工精度已由 ±10 μm 提高到±5 μm;精密级加工中心的加工精度则从±3~5 μm 提高到±1~1.5 μm,甚至更高。超精密加工精度达到纳米级 0.001 μm。

(3)控制智能化。数控技术控制智能化程度不断提高,主要体现在以下几方面:

①加工效率和加工质量的智能化。例如,自适应控制、工艺参数自动调整、使设备处于最佳运动状态,以提高加工精度和设备的安全性。

②加工过程自适应控制技术。监测加工过程中的刀具磨损、进给量、切削力、主轴功率等信息并进行反馈,随时自动修调加工参数,使设备处于最佳运行状态,以提高加工精度及设备运行的安全性。

③智能化编程。主要包括数控软件自动编程、智能化的人机界面等。

④智能化交流伺服驱动装置。其包括只能主轴交流驱动装置和伺服驱动装置,它能自动识别电动机及负载的转动惯量,并自动对控制系统参数进行优化和调整,使驱动系统获得最佳运行。

⑤故障的自诊断功能。该功能可以实现智能诊断、智能监控,方便系统的诊断及维修等。

(4)复合化加工。复合化加工是指在一台设备上完成车、铣、钻、镗、攻丝、铰孔、扩孔、铣花键、插齿等多种加工要求。机床的复合化加工是通过增加机床的功能,减少工件加工过程中的多次装夹、重新定位、对刀等辅助工艺时间,从而提高机床利用效率。

复合化加工进一步提高工序集中度,减少工序加工零件的上下料装卸时间,更主要的是可以避免或减少工件在不同机床间进行工序转换而增加的工序间输送和等待时间,同时,减少了夹具和所需的机床数量,降低了整个加工成本和机床的维护费用。

(5)高可靠性。数控机床的可靠性是数控机床产品质量的一项关键性指标。数控机床能否发挥其高性能、高精度、高效率并获得良好的效益,关键取决于可靠性。衡量可靠性重要的量化指标是平均无故障时间。国外数控机床平均无故障时间一般为 700～800 h,数控系统已达 60 000 h 以上。

(6)互联网络化。网络功能正在逐渐成为现代数控机床、数控系统的特性之一。支持网络通讯协议,既满足单机需要,又能满足 FMC(柔性单元)、FMS(柔性系统)、CIMS(集成制造系统)对基层设备集成要求的数控系统,该系统是形成"全球制造"的基础单元。

①网络资源共享。

②数控机床的远程监视、控制。

③数控机床的远程培训与教学。

④数控装备的网络数字化服务。

(7)计算机集成制造系统(CIMS)。计算机集成制造系统的发展可以实现整个机械制造企业的全盘自动化,成为自动化企业或无人化企业,它是自动化制造技术的发展方向,主要由设计与工艺模块、制造模块、管理信息模块和存储运输模块构成。

CIMS 的核心是一个公用数据库,对信息资源进行存储与管理,并与各个计算机系统进行通信,在这个基础上有三个计算机系统。

①进行产品设计与工艺设计的计算机辅助设计与计算机辅助制造系统,即 CAD/CAM系统。

②计算机辅助生产计划与计算机生产控制系统(CAP/CAC),该系统对加工过程进行计划、调度与控制。

③工厂自动化系统。该系统可以实现工件自动测量。

(五)复 习 题

1. 名词解释

数控机床、点位控制系统、轮廓控制系统、开环伺服系统、闭环伺服系统、半闭环伺服系统。

2. 选择题

(1)数控机床的驱动执行部分是(　　)。

A. 控制介质与阅读装置　　　　　　　　B. 数控装置

C. 伺服系统　　　　　　　　　　　　　D. 机床本体

(2)通常所说的数控系统是指( )。

A. 主轴驱动和进给驱动系统　　　　　　B. 数控装置和驱动装置

C. 数控装置和主轴驱动装置　　　　　　D. 数控装置和辅助装置

(3)在数控机床的组成中,其核心部分是( )。

A. 输入装置　　　　　B. CNC 装置　　　　C. 伺服装置　　　　　D. 机电接口电路

(4)不适合采用加工中心进行加工的零件是( )。

A. 周期性重复投产　　　　　　　　　　B. 多品种、小批量

C. 单品种、大批量　　　　　　　　　　D. 结构比较复杂

3. 填空题

(1)数控机床通常由_____、_____、_____、_____组成。

(2)为确定工件在机床中的位置,要确定_____。

(3)数控机床按运动轨迹分为_____、_____、_____。

(4)数控机床按伺服系统控制方式可分为_____、_____、_____。

(5)确定机床 X、Y、Z 坐标时,规定平行于机床主轴的刀具运动坐标为_____,取刀具远离工件的方向为_____方向。

(6)数控机床的旋转轴之一 B 轴是绕_____旋转的轴。

(7)数控装置主要由_____、_____、_____组成。

(8)加工精度高_____、_____、_____自动化程度高,劳动强度低、生产效率高等是数控机床加工的特点。

(9)数控机床的核心是_____。

(10)数控机床的辅助装置包括_____、_____、_____、_____、_____、_____等。

4. 判断题

(1)半闭环、闭环数控机床带有检测反馈装置。　　　　　　　　　　　　　　(　)

(2)数控机床工作时,数控装置发出的控制信号可直接驱动各轴的伺服电机。　(　)

(3)目前数控机床只有数控铣、数控磨、数控车、电加工等几种。　　　　　　(　)

(4)数控机床不适用于周期性重复投产的零件加工。　　　　　　　　　　　　(　)

(5)数控机床按控制系统的不同可分为开环、闭环和半闭环系统。　　　　　　(　)

(6)数控机床伺服系统包括主轴伺服和进给伺服系统。　　　　　　　　　　　(　)

(7)数控系统由 CNC 装置、可编程控制器、伺服驱动装置以及电动机等部分组成。

(　)

(8)伺服系统中的直流或交流伺服电动机属于驱动部分。　　　　　　　　　　(　)

(9)点位控制数控机床只控制刀具或工作台从一点移动到另一点的准确定位。　(　)

(10)闭环控制数控机床属于生产型数控机床。　　　　　　　　　　　　　　　(　)

5. 简答题

(1)数控机床主要由哪几部分组成?

(2)数控机床的分类有哪些?

(3)与传统机械加工方法相比,数控加工有哪些特点?

(4)数控加工的主要对象是什么?

(5)数控机床的发展趋势?

(6)数控机床适用于加工哪些类型零件,不适用于加工哪些类型的零件,为什么?

二、数控刀具

(一)数控刀具基础知识

数控刀具是指与各种数控机床相配套使用的各种刀具的总称,是数控机床的关键配套产品。它广泛应用于高速切削、精密和超精密加工、干加工、硬切削和难加工材料的加工等先进制造技术领域,可提高加工效率、加工精度和加工表面质量。尤其当今快速发展的数控技术又促进了数控刀具的发展。

1. 数控加工对刀具的要求及特点

在切削加工时,刀具切削部分与切屑、工件相互接触的表面上承受很大的压力和强烈的摩擦,刀具切削区产生很高的温度、很大的应力、强烈的冲击和振动,因此刀具材料应具备以下基本要求:

(1)应具有高的硬度和耐磨性。刀具材料在常温下洛氏硬度需在 HRC 以上,并且具有一定的耐磨性能。

(2)应具有足够的强度和韧性。刀具要承受切削中的压力、冲击和振动,避免崩刀和折断,应该具有足够的强度和韧性。

(3)应具有较高的耐热性。刀具在高温下工作,应保持高硬度、高耐磨性能及具有抗高温氧化性。

(4)应具有良好的工艺性能。为了便于制造,要求刀具材料应具有较好的可切削加工性、焊接工艺性,以便于刀具的制造和加工。

为了适应数控机床加工精度高、加工效率高、加工工序集中及零件装夹次数少等要求,数控刀具及刀片在性能上应具有如下特点:

(1)刀具与刀片应通用化、规则化及系列化。

(2)刀具与刀片的几何参数和切削参数应规范化与典型化。

(3)刀具材料、切削参数与被加工工件材料相匹配。

(4)刀片的使用寿命高、刀具的刚性好。

(5)刀片在刀杆中的定位基准精度高。

(6)刀杆的强度、刚度高和抗耐磨性好。

2. 数控刀具的材料

刀具材料的种类很多,在数控切削加工中常见的主要有高速钢、硬质合金、陶瓷、金刚石和立方氮化硼等材料。

(1)高速钢

高速工具钢简称高速钢,也称锋钢。它是一种含有钨、钼、铬、钒等合金元素较多的高合金工具钢,通常硬度在 63~70HRC。高速钢具有良好的热稳定性,当切削温度达到 500~600 ℃时仍旧能保持 60HRC 以上的高硬度。高速钢具有较高强度和韧性,如抗弯强度是一般硬质合金的 2~3 倍,是陶瓷的 5~6 倍,其允许的切削速度可达 30 m/min 以上。

高速钢刀具曾是切削工具的主流,随着数控机床等现代制造设备的广泛应用,高速钢凭借其在强度、韧性热硬性及工艺性等方面优良的综合性能,在复杂刀具,如切齿刀具、拉刀和立铣刀中仍占有较大的份额。

高速钢按用途可分为普通高速钢、高性能高速钢、粉末冶金高速钢及涂层高速钢。

①普通高速钢分为两种钨系高速钢和钨钼系高速钢。

a. 钨系高速钢这类钢的典型钢种为 W18Cr4V。它是应用最普遍的一种高速钢。

b. 钨钼系高速钢典型钢种为 W6Mo5Cr4V2。它是将一部分钨用钼代替所制成的钢。

②高性能高速钢是在普通高速钢中增加碳、钒的含量并添加钴、铝等合金元素而形成的新钢种。例如,高碳高速钢、高钴高速钢、高钒高速钢及含铝高速钢等,具有更好的切削性能,适合加工高温合金、钛合金、超高强度钢等难加工材料。

③粉末冶金高速钢是用高压(氩气或纯氮气)喷射使之雾化溶化的高速钢钢水,在急剧冷却得到细小均匀结晶组织高速钢粉末,然后经热压制成刀具毛坯。适合制造切削难加工材料的刀具、大尺寸刀具(如滚刀、插齿刀)、精密刀具、磨削加工量大的复杂刀具、高压动载荷下使用的刀具等。

④涂层高速钢是 20 世纪 60 年代末以来发展最快的新型刀具,是刀具发展中的一项重要突破,是解决刀具材料中硬度与耐磨、强度与韧性之间矛盾的一个有效措施。涂层刀具在一些韧性较好的硬质合金或高速钢刀具基体上,涂抹一层耐磨性高的难溶化金属化合物而获得。常用的涂层材料有 TiC、TiN 和 Al_2O_3 等。

涂层高速钢结合了基本高强度、高韧性、涂层高硬度和高耐磨性的优点,提高了刀具的耐磨性而不降低其韧性,其特点如下:

a. 涂层面硬性高、耐磨,可显著提高刀具寿命,与未涂层刀具相比提高了 2~5 倍。

b. 涂层面摩擦系数小,特别是加有固态润滑剂 C 的涂层摩擦系数更小,切削热大部分传入工件和切屑,能减小切削阻力,排屑流畅,有利于提高产品表面质量和延长刀具寿命。

c. 切削速度比未涂层刀具提高 2 倍以上,并允许有较高的进给速度。

d. 涂层刀具通用性强,它能代替数种未涂层刀具使用,显著降低了产品的生产成本。

⑤许多涂层刀具可以在较多场合用于干切削,干式切削能降低消耗从而降低产品的生产成本。

(2)硬质合金刀具

硬质合金是由难溶金属碳化物(如 WC、TiC、TaC、NbC 等)和金属粘结剂通过粉末冶金工艺制成的。通常硬度在 89~93 HRA。金属碳化物在性质上更接近金属,其表现出很强的金属特征,具有良好的导电性、导热性和金属外观。

金属碳化物有熔点高、硬度高、化学稳定性及热稳定性好等特点,故其切削性能比高速钢高很多,耐用度也提高几倍到几十倍,在耐用度相同时,切削速度可提高 4~10 倍。

常用硬质合金的韧性比高速钢差,因此硬质合金刀具不能够承受较大的切削振动和冲击负荷。硬质合金中金属碳化物含量较高时,硬度相应提高,但抗弯强度较低;金属粘结剂含量较高时,则抗弯强度较高,但硬度则较低。目前,它已经成为数控加工的主流刀具。

①普通硬质合金的种类、牌号及适用范围硬质合金按材料特性分为 P(蓝)、M(黄)、K(红)、N(绿)、S(棕)、H(白)六类。

P 类:适于加工钢、长屑可锻铸铁(相当于 YT 类)。

M 类:适于加工奥氏体不锈钢、铸铁、高锰钢、合金铸铁等(相当于 YW 类)。

S 类:适于加工耐热合金和钛合金。

K 类:适于加工铸铁、冷硬铸铁、短屑可锻铸铁、非钛合金(相当于 YG 类)。

N 类:适于加工铝、非铁合金。

H 类:适于加工淬硬材料。

②硬质合金按其化学成分的不同,可分为四类:

a. YG 类:即钨钴类($WC+Co$)硬质合金,对应于 K 类。牌号有 YG6、YG8,合金中钴的含量高,韧性好,适于粗加工;钴含量低,适于精加工。此类合金韧性、磨削性、导热性较好,较适合加工产生崩碎切屑的脆性材料,如铸铁、有色金属及其合金等。

b. YT 类:即钨钛钴类($WC+TiC+Co$)硬质合金,对应于 P 类。牌号有 YT5、YT14、YT15、YT30。合金中 TiC 含量高,则耐磨性和耐热性提高,但强度降低。因此粗加工一般选择 TiC 含量少的牌号(YT5),精加工一般选则 TiC 含量多的牌号(如 YT30),此类合金有较高的硬度和耐热性,主要用于加工切屑呈带状的钢件等塑性材料。

c. YW 类:即钨钛坦(铌)钴类($WC+TiC+TaC(Nb)+Co$)对应于 M 类。常用牌号有 YW1、YW2。此类硬质合金不但适用于加工冷硬铸铁、有色金属及合金半精加工,也能用于高锰钢、淬火钢、合金钢及耐热合金钢的半精加工和精加工。

d. YN 类:即碳化钛基类($WC+TiC+Ni+Mo$),对应于 P01 类。一般用于精加工和半精加工,对大零件且加工精度较高的尤其适合,但不适于有冲击载荷的粗加工和低速切削。

③超细晶粒硬质合金其硬度、耐磨性、抗弯强度和冲击韧度得到了一定程度的提高,性能已接近高速钢。适合做小尺寸铣刀、钻头等,并可用于加工高硬度难加工材料。

(3)陶瓷刀具

陶瓷材料是未来发展的一个重要领域,可分为纯 Al_2O_3 陶瓷和 Al_2O_3-TiC 混合陶瓷两种,广泛应用于各类钢、铸铁高速切削、干切削、硬切削以及难加工材料的切削加工,也可用于高速精细加工。由于陶瓷刀具材料性能上存在着抗弯强度低、冲击韧性差等缺点,因此不适于在低速、冲击负荷下进行切削加工。陶瓷刀具主要的特点如下:

①陶瓷刀具高硬度、高耐热胜和耐磨性,其切削速度是硬质合金的 2~5 倍。

②当切削温度达到 800 ℃时,硬度能保持在 87HRA 左右,当切削温度进一步达到 1 200 ℃时,硬度仍能有 80 HRA,同时具有良好的抗氧化性能。

③在钢中的溶解度比任何硬质合金都低很多,不与钢发生反应,不与金属产生粘结。

④陶瓷刀具与金属的亲和力小,不易与金属产生粘结,具有很高的化学稳定性且摩擦系数低,可以降低切削力和切削温度。

(4)金钢石刀具

金刚石具有极高的硬度(高达 1 000 HV)和耐磨性,刀具耐用度比硬质合金提高几倍到几百倍,可用来加工硬质合金、陶瓷、高硅铝合金及耐磨塑料等高硬度、高耐磨的材料。其切削刃锋利,能切下极薄的切屑,加工冷硬现象较弱,有较低的摩擦系数,其切屑和刀具不发生粘结,不产生积屑瘤,适合精密加工。但热稳定性差,切削温度不宜超过 700~800 ℃;强度低、脆性大、对振动敏感,只适宜微量切削,在高速条件下精细加工有色金属及其合金和非金属材料。

(5)立方氮化硼(CBN)

立方氮化硼是人工合成的超硬刀具材料。它具有高硬度 7 300~9 000 HV,仅次于金刚石、热稳定性好,可耐 1 400~1 500 ℃高温,与铁族金属亲和力小,且有较高的导热性和较小的摩擦系数。缺点是强度和韧性较差,抗弯强度仅为陶瓷刀具的 $1/5\sim1/2$,适用于加工高硬度淬火钢、冷硬铸铁和高温合金材料,不宜加工软钢件、铝合金和铜合金。

各种刀具材料的性能指标比较见表 1-1。

表 1-1　各种刀具材料的性能指标比较

种类	密度/(g/cm³)	耐热性/℃	硬度	抗弯强度/MPa	热膨胀系数
聚晶金刚石	3.47~3.56	700~800	>9 000 HV	600~1 100	3.1
聚晶立方氮化硼	3.44~3.49	1 300~1 500	4 500 HV	500~800	4.7
陶瓷刀具	3.1~5.0	>1 200	91~95 HRA	700~1 500	7.0~9.0
钨钴合金	14.0~15.5	800	89~91.5 HRA	1 000~2 350	3.0~7.5
钨钴钛合金	9.0~14.0	900	89.5~92.5 HRA	800~1 800	8.2
通用合金	12.0~14.0	1 000~1 100	>92.5 HRA	—	—
金属陶瓷	5.0~7.0	1 100	91~94 HRA	1 150~1 350	—
高速钢	8.0~8.8	600~700	62~70 HRC	2 000~4 500	8~12

(二)常见数控机床刀具

数控刀具是现代数控机械加工中的重要工具,这就要求其具有精度高、刚性好、装夹调整方便、切削性能强、寿命长等优点,合理选用刀具既能提高加工效率,又能保证质量。

1. 数控刀具的分类

(1)按照刀具装配结构分类

①整体式刀具整体结构是在刀体上做出切削刃。例如,钻头、各种立铣刀、铰刀、扩孔刀、拉刀、插齿刀等。

②焊接式刀具焊接是将刀片钎焊在刀体上,结构简单、刚性好。例如,各种焊接刀等。

③机械夹固式刀具机械夹固式刀具通过夹固方式安装在刀体上。例如,广泛使用的各种数控刀具。

(2)按照加工方法分类

①切削刀具:车刀、刨刀、插齿刀、镗刀等。

②孔加工刀具:钻头、扩孔钻、铰刀等。

③拉刀刀具:圆孔拉刀、花键拉刀、平面拉刀等。

④铣刀刀具:圆柱形铣刀、面铣刀、立铣刀、槽铣刀、锯片铣刀等。

⑤螺纹刀具:丝锥、板牙、螺纹切刀等。

⑥齿轮刀具:齿轮滚刀、插齿刀、剃齿刀、蜗轮滚刀等。

(3)按照切削工艺分类

①车削刀具:外圆刀、内孔刀、螺纹刀、切槽刀等。

②铣削刀具:面铣刀、立铣刀、螺纹铣刀等。

③钻削刀具:钻头、铰刀、机用丝锥等。

④镗削刀具:粗镗刀、精镗刀等。

刀具的分类繁杂,结构和形状各不相同,但都由共同的部分组成,即由工作部分和夹持部分组成。工作部分担负着切削加工任务,其作用是切除切屑、修光已切削的加工表面。夹持部分保证刀具具有正确的工作位置及传递切削运动和动力。

2. 数控可转位刀具

可转位刀具是将硬质合金可转位刀片用机械夹固方式装夹在标准刀柄上的一种刀具。刀具由刀柄、刀片、刀垫和夹紧机构组成,已经形成模块化标准化结构,具有很强的通用性和互换性。

数控机床与普通机床所使用的可转位刀具无本质区别,其基本结构、功能特点都相同。但由于数控机床工序是自动化的,因此对所使用可转位刀具的要求也有别于普通机床,如要求具有精度高、刚性好、装夹调整方便、切削性能强、耐用度高等特点。

可转位车刀结构繁多,衡量标准主要以夹紧可靠、使用方便和成本低为前提。目前,国内外应用较多的可转位刀具主要有以下六种类型:

①杠杆式夹紧机构如图 1-8 所示。由于杠杆的作用,在夹紧时刀片既能得到水平方向的作用力,将刀片一侧或两侧紧压在刀槽侧面,又有一个作用力压向刀片底面。这样刀片就能得到稳定而可靠的夹紧。

特点是定位精度高、夹紧可靠、使用方便,但元件形状复杂,加工难度大,杠杆在反复锁定、松开的情况下易断裂。

②楔块式夹紧机构如图 1-9 所示。在螺钉紧固下由于楔块的作用,刀片得到一个水平方向的挤压作用力,将刀片紧靠在圆柱销上,这样刀片被可靠地夹紧。

特点是夹紧机构简单、更换刀片方便,但定位精度较低,夹紧力与切削力的方向相反。

③螺纹偏心式夹紧机构如图 1-10 所示。利用螺纹偏心销偏心心轴的作用,将刀片紧压靠在刀体上,刀片被可靠地夹紧。

特点是夹紧机构结构简单、更换刀片方便,但定位精度较差且要求刀片的精度高。

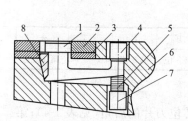

图 1-8　杠杆式夹紧机构

1—杠杆;2—刀片;3—刀垫;
4—压紧螺钉;5—弹簧;6—刀体;
7—调节螺钉;8—弹簧套

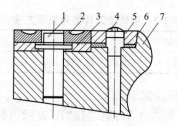

图 1-9　楔块式夹紧机构

1—圆柱销;2—刀片;
3—刀垫;4—螺钉;5—楔块;
6—弹簧垫圈;7—刀体

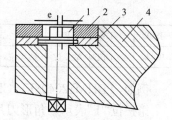

图 1-10　螺纹偏心式夹紧机构

1—偏心销;2—刀片;
3—刀垫;4—刀体

④压孔式夹紧机构如图 1-11 所示。利用螺纹偏心销偏心心轴的作用,将刀片紧压靠在刀体上,刀片被可靠地夹紧。

特点是夹紧机构简单、更换刀片方便,但定位精度较差且要求刀片的精度高。

⑤上压式夹紧机构如图 1-12 所示。利用上压板在螺钉的作用下,将刀片紧压靠在刀体上,刀片被可靠稳定地夹紧。

特点是机构简单、夹紧可靠,但切屑容易擦伤夹紧元件。

⑥拉垫式夹紧机构如图 1-13 所示。利用拉垫在螺钉的作用下移动,借助圆销将刀片紧压靠在刀体上,夹紧可靠稳定。

特点是机构简单、夹紧可靠，但刀头部分刚性较差。

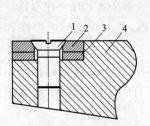

图 1-11　压孔式夹紧机构
1—压紧螺钉；2—刀片；
3—刀垫；4—刀体

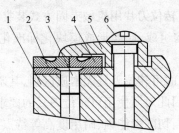

图 1-12　上压式夹紧机构
1—刀体；2—刀垫；3—螺钉；
4—刀片；5—压板；6—螺钉

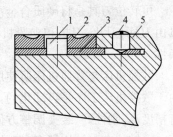

图 1-13　拉垫式夹紧机构
1—圆销；2—刀片；3—拉垫；
4—螺钉；5—刀体

3. 数控可转位刀片形式

（1）刀片的形状

机夹可转位刀片的形状已经标准化，共有 10 种形状，均有一个相应的代码表示，在选用时，虽然其形状和刀尖角度相等，但由于同时参与的切削刃数不同，其型号也不同。

（2）刀片的代码

硬质合金可转位刀片的国家标准与 ISO 国际标准相同，共有 10 个号位的内容来表示品种规格、尺寸系列、制造公差及测量方法等主要参数特征。规定任何一个型号的刀片都必须用 10 个号位组成，前 7 个号位必用，后 3 个号位在必要时使用。其中，第 10 个号位前要加短线"—"与前面号位隔开，第八、九两号位如果只使用其中一位，则写在第八位上，中间不需要空格。可转位刀片型号表示方法见表 1-2。

表 1-2　可转位刀片型号表示方法

ISO	T	P	M	M	12	03	04	E	L	—	—
项目	第1位	第2位	第3位	第4位	第5位	第6位	第7位	第8位	第9位		第10位

例如，TBHM120408EL-CF 解释如下：

第一位"T"表示三角形刀片（见表 1-3）；第二位"B"表示可转位刀片的后角（见表 1-4）；第三位"H"表示刀片刀尖状况参数偏差为 ±0.013 mm，刀片内切圆直径 ϕ 的偏差为 0.013 mm，刀片厚度公差为 ±0.025 mm（见表 1-5）；第四位"M"表示刀片为圆柱孔的结构形式（见表 1-6）；第五位"12"表示切削长度 12 mm（见表 1-7）；第六位"04"表示刀片的厚度 4.76 mm（见表 1-8）；第七位"08"表示刀尖圆弧半径为 0.8 mm 的车刀片（表 1-9）；第八位"E"表示为侧圆切削刃（见表 1-10）；第九位"L"表示切削方向向左（见表 1-11）；第十位"CF"表示制造商备用的代号。现对 10 个号位做具体说明。

第一位为字母，表示可转位刀片的形状，见表 1-3。

表 1-3　可转位刀片的形状

形状说明	字母	刀尖角	刀片示意图	形状说明	字母	刀尖角	刀片示意图
正六边形	H	120°		等边不等角六边形	W	80°	

续上表

形状说明	字母	刀尖角	刀片示意图	形状说明	字母	刀尖角	刀片示意图
正五边形	P	108°		矩形	L	90°	
正三角形	T	60°		平行四边形	C	80°	
正方向	S	90°		正八边形	O	135°	
菱形	D	35°		圆形	R		

第二位为字母，表示可转为刀片的后角，见表 1-4。

表 1-4　可转位刀片后角

代号	A	B	C	D	E	F	G	N	P	O
法向后角	3°	5°	7°	15°	20°	25°	30°	0°	11°	其他

第三位为字母，表示可转位刀片允许公差的精度等级，用一个字母表示，主要控制偏差为三项，即 Δm 为刀尖状况参数 B 的偏差、Δd 为刀片内切圆直径 R 的偏差、Δs 为刀片厚度 T 的偏差，见表 1-5。

表 1-5　可转位刀片尺寸精度允许偏差

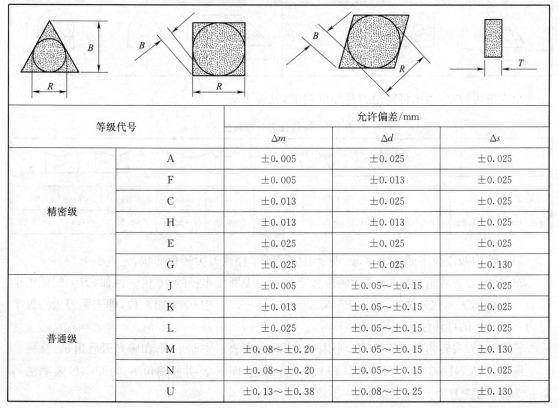

等级代号		允许偏差/mm		
		Δm	Δd	Δs
精密级	A	±0.005	±0.025	±0.025
	F	±0.005	±0.013	±0.025
	C	±0.013	±0.025	±0.025
	H	±0.013	±0.013	±0.025
	E	±0.025	±0.025	±0.025
	G	±0.025	±0.025	±0.130
普通级	J	±0.005	±0.05～±0.15	±0.025
	K	±0.013	±0.05～±0.15	±0.025
	L	±0.025	±0.05～±0.15	±0.025
	M	±0.08～±0.20	±0.05～±0.15	±0.130
	N	±0.08～±0.20	±0.05～±0.15	±0.025
	U	±0.13～±0.38	±0.08～±0.25	±0.130

在刀片精度等级中,M级到U级刀片级最常见,是较经济低廉的,应优先选用;A级到G级刀片经过研磨,精度较高。刀片精度要求较高时,常选用G级。小型精密刀具的刀片可达E级或更高级。每种规格刀片的具体偏差大小与内接圆尺寸大小和刀片形状有关,不同厂家允许的公差值略有不同,其质量也有差异。

第四位为字母,表示可转位刀片的结构形式,对应关系见表1-6。

表1-6 常见可转位刀片的结构形式

字母	说　明	示意图	字母	说　明	示意图
A	有固定孔 无断削槽		U	有固定孔,双面有 400～600 沉孔,有断削槽	
N	无固定孔 无断削槽		T	有固定孔,单面有 400～600 沉孔,有断削槽	
M	有固定孔 有断削槽		R	无圆固定孔 有断削槽	
W	有固定孔、单面有 400～600 沉孔,无断削槽		J	有固定孔,双面有 700～900 沉孔,有断削槽	

第五位为数字,用两位数字表示可转位刀片刃口的边长,选取刀片切削长度或刀片刃口的理论边长,取整值 d(mm),对应关系见表1-7。

表1-7 可转位刀片刃口边长

第六位为数字,表示可转位刀片厚度数值,见表1-8。

表1-8 可转位刀片厚度数值

数字	01	T1	02	03	T3	04	05	06	07	09
厚度(mm)	$s=1.59$	$s=1.98$	$s=2.38$	$s=3.18$	$s=3.97$	$s=4.76$	$s=5.56$	$s=6.35$	$s=7.94$	$s=9.52$

第七位为两位数字或一个字母,表示刀尖圆弧半径或刀尖转角形状,见表1-9。

车刀片:刀尖转角为圆角,则用俩位数字表示刀尖圆弧半径的10倍。例如,刀尖圆弧角半径为 0.8 mm,表示代号为 08,如 TPMM120304EL—A3 其中 04 为第七位,即表明刀尖圆弧半径为 0.4 mm 的可转位车刀片。

铣刀片:刀尖转角具有修光刃,则用两个字母分别表示主偏角 K_r 和修光刃后角 $α_n$。

例如,TPCN1203ED—TR,其中 ED 表示第七位,即 E 表明主偏角 K_r 为 60°;D 表明法后角 $α_n$ 为 15°的铣刀片。

表 1-9　刀尖圆弧半径或刀尖转角形状

车刀片	铣刀片

代号	r/mm	代号	K_r/°	代号	α_n/°
00	<0.2			A	3
02	0.2			B	5
04	0.4	A	45	C	7
08	0.8	D	60	D	15
12	1.2	E	75	E	20
16	1.6	F	85	F	25
20	2.0	P	90	G	30
24	2.4			N	0
32	3.2			P	11

第八位为字母,表示刀片主切削刃的截面形状,共有 4 种,见表 1-10。

表 1-10　切削刃截面形状

说明	尖锐切削刃	侧圆切削刃	侧棱切削刃	负倒棱加倒圆角
代号	F	E	T	S
示意图				

第九位为字母,表示可转位刀片的切削方向,R 表示右切,L 表示左切,N 表示可用于右切也可用于左切,见表 1-11。

表 1-11　刀片切削方向

说明	右切	左切	左右切
代号	R	L	N
示意图			

第十位为字母、数字组合(或留给制造商备用的代号),第一个字母表示可转位刀片断屑槽的形式,第二个数字表示断屑槽的宽度(mm),断屑槽共有 13 种形式,见表 1-12。

表 1-12   断屑槽的形式

代号	示意图	代号	示意图	代号	示意图	代号	示意图
A		B		C		D	
G		H		J		K	
P		T		V		W	
Y							

4. 可转位刀片的选择

根据数控机床加工的特点应正确合理地选用刀片的形式、角度、材质、品牌,刀片的形状及安排合适的切削用量,以提高机床的利用率,并保证工件加工的质量。

（1）几何形状的选择

主要是根据加工的具体表面形状决定,一般要选通用性较高的及在同一刀片上切削刃数较多的刀片。

1）切削工序粗加工主要与金属去除总量和后续工序所需要的表面状况要求有关,宜选用较大尺寸刀片,半精加工或精加工与公差和表面质量要求有关,宜选用较小尺寸刀片。

2）切削类型纵向车削、端面车削、仿形车削等,应选用相应类型的刀片。

3）刀具寿命根据生产批量和刀片的转位次数等因素来考虑。推荐选用 80°刀尖角的菱形刀片,可适合大多数工序的加工,但需要仿形能力较强时需选择刀尖角为 35°的菱形刀片,具体各种形状刀片如下:

S 形:有四个刃口,同等内切圆直径刃口较短,刀尖强度较高,主要用于 75°、45°车刀,在内孔刀中用于加工通孔。

T 形:有三个刃口,刃口较长,刀尖强度较低,使用时常采用带副偏角的刀片以提高刀尖强度,主要用于 90°车刀。在内孔车刀中主要用于加工盲孔、台阶孔。

C 形:80°刀尖角的两个刀尖强度较高,一般做成 75°车刀,用来粗车外圆、端面,用它不用换刀即可加工端面或圆柱面,在内孔车刀中一般用于加工台阶孔。

R 形:为圆形刃口,用于特殊圆弧的加工,刀片利用率高,但径向力大,切削时易产生振动。

W 形:三个刃口且较短,刀尖角 80°,刀尖强度较高,主要用在普通车床上加工圆柱面和台阶面。

D 形:两个刃口且较长,刀尖角 55°,刀尖强度较低,主要用于成形的加工。

V形：两个刃口并且长，刀尖角 35°，刀尖强度最低，常用于成形面的加工。

（2）切断刀片

分单面与双面，如图 1-14、图 1-15 所示。一般切深槽用切断刀片，切浅槽用成型刀片。

（3）螺纹刀片

切精度较高的螺纹要用成形可转位内、外螺纹刀片，如图 1-16 所示。内、外螺纹的牙形方位不同，其螺距是固定的，可以切出牙顶。它是带断屑槽并带夹紧孔的刀片，它用压孔式的十字螺钉夹紧。

图 1-14　单面切槽刀片　　　　图 1-15　双面切槽刀片　　　　图 1-16　内螺纹刀片

（4）切削刃长度

切削刃长度应根据背吃刀量进行选择，一般通槽型的刀片切削刃长度选≥1.5 倍的背吃刀量，封闭槽形的刀片切削长度选≥2 倍的背吃刀量。

（5）刀尖圆弧

刀尖圆弧粗加工时只要刚性允许即可采用较大刀尖圆弧半径，精车时一般用较小圆弧半径，不过在刚性允许的条件下也应选较大的值。

（6）刀片厚度

刀片厚度选用原则是使刀片有足够的强度来承受切削力，通常是根据背吃刀量与进给量来选用，如有些陶瓷刀片就要选用较厚的刀片。

（7）刀片法后角

刀片法后角常用的是 0°后角，它一般用于粗车、半精车；5°、7°、11°一般用于精车、半精车仿形及加工内孔。

（8）刀片精度

可转位刀片国家标准规定为 A～U 共 12 个精度等级，其中六种适合于车刀，车削常见的等级为 G、M、U 三种。一般精密加工选用高精度的 G 级刀片；粗、半精加工选用 U 级；对刀尖位置要求较高的数控车床在精加工或重负荷粗加工可选用 M 级。

（9）刀片断屑槽

刀片断屑槽决定了切削作用、切削刃的强度及在规定背吃刀量和进给量的前提下可接受的断屑范围。一般刀片材料代码确定了，槽型也就确定了。例如，用于加工钢的 PM 槽型、不锈钢的 MM 槽型和铸铁的 KM 槽型，刀片槽型是专门为被加工材质而设计的，不同的材质有不同的断屑槽型。另外断屑槽型还与采用粗加工、半精加工还是精加工，刀片是正前角形状还是负前角形状有关。

（10）刀片材料代码的选择

根据被加工工件材料的不同，选取相应工件材料组刀片代码。工件材料按照不同的机械加工性能分为六个工件材料组，一个字母分别和一种颜色相对应，以确定被加工工件的材料组代码，代码选择见表 1-13。

表 1-13　选择工件材料组代码

加工材料组		代　码
钢	非合金、合金钢、高合金钢、不锈钢、纯铁	P(蓝)
不锈钢	奥氏体不锈钢、铁素体不锈钢	M(黄)
铸铁	可锻铸铁、灰口铸铁、球墨铸铁	K(红)
NF 金属	有色金属和非金属材料	N(绿)
难切削材料	以镍或钴为基体的热固性材料、钛合金以及难切削加工的高合金钢	S(棕)
硬材料	淬火钢、淬硬铸铁、高锰钢	H(白)

（三）切削用量的选择

切削用量又称切削要素，是指度量主运动和进给运动大小的参数。它包括切削深度、进给量和切削速度。在切削加工中要根据不同的刀具材料、加工条件、加工精度、机床工艺系统、刚性及功率等综合因素考虑选择合理的切削用量。

1. 切削用量的基本概念

（1）背吃刀量（a_p）

背吃刀量是在与主运动和进给运动方向相垂直的方向上度量的已加工表面与待加工表面之间的距离，又称切削深度，即每次进给刀具切入工件的深度。

$$a_p = (d_w - d_m)/2$$

式中　d_w——工件待加工表面直径（mm）；

　　　d_m——工件已加工表面直径（mm）。

（2）切削速度（v_c）

切削速度是刀具切削刃上选定点相对于工件的主运动瞬时线速度。由于切削刃上点的切削速度可能不同，计算时常用最大切削速度代表刀具的切削速度。

$$v_c = \pi d n/1000$$

式中　d——切削刃上选定点的回转直径（mm）；

　　　n——主运动的转速（r/s 或 r/min）。

（3）进给量（f）

进给量是刀具在进给运动方向上相对于工件的位置移动，它是衡量进给运动大小的参数，用刀具或工件每转或每分钟的位移量来表述（mm/r 或 mm/min）。

2. 切削用量的确定原则

切削用量的确定原则：粗加工时以提高生产率为主，选用较大的切削量，同时兼顾经济性和成本；半精加工和精加工时，选用较小的切削量，在兼顾切削效率和加工成本的前提下，应保证零件的加工质量。

在中等功率数控机床上切削加工，粗加工的背吃刀量可达 8～10 mm，表面粗糙度值可达 50～12.5 μm；精加工的背吃刀量可达 0.5～5 mm，表面粗糙度值可达 6.3～3.2 μm；精加工的背吃刀量可达 0.2～1.5 mm，表面粗糙度值可达 1.6～0.8 μm。

切削用量（背吃刀量、切削速度及进给量）是一个有机的整体，只有三者相互适应，达到最合理的匹配值，才能获得最佳的切削用量。

（1）确定背吃刀量

背吃刀量的大小主要依据机床、夹具、工件和刀具组成的工艺系统的刚度来决定,在系统刚度允许的情况下,背吃刀量等于加工余量。为保证以最少的进给次数去除毛坯的加工余量,应根据被加工工件的余量确定分层切削深度,选择较大的背吃刀量,以提高生产效率。

在数控加工中,为保证工件必要的加工精度和表面粗糙度,一般应留一定的余量(0.2~0.5 mm)进行精加工,在最后的精加工中沿轮廓走一刀。粗加工时,除了留有必要的半精加工和精加工余量外,在工艺系统刚性允许的条件下应以最少的次数完成粗加工。留给精加工的余量应大于零件的变形量和确保零件表面完整性。精加工时一般选用较小的背吃刀量和进给量,然后根据刀具寿命选择较高的切削速度,力求提高加工精度和减小表面粗糙度。

(2)确定切削速度

确定切削速度可以根据已经选定的背吃刀量、进给量及刀具的使用寿命进行确定以外,也可以通过刀具配有相应的切削参数进行计算、查表或根据实践经验确定。

粗加工或工件材料的加工性能较差时,宜选用较低的切削速度;精加工或刀具材料、工件材科的切削性能较好时,宜选用较高的切削速度。

(3)确定主轴转速

当切削速度确定以后,可根据刀具或工件直径 d 再按公式 $n=1000v_c/\pi d$ 确定主轴转速 $n(r/min)$。当主轴转速确定以后,应按照数控机床控制系统所规定的格式将转速编入数控程序中。在实际操作中,操作者可以根据实际加工情况,通过适当调整数控机床控制面板上的主轴转速倍率开关控制主轴转速的大小,以确定最佳的主轴转速。

(4)确定进给量或进给速度

进给量或进给速度主要依据零件的加工精度、表面糙度要求以及所使用的刀具和工件材料来确定。当零件的加工精度要求较高、表面粗糙度要求较低时,可以选择较小的进给量。其次还应兼顾与背吃刀量和主轴转速相适应。在保证工件加工质量的前提下,可以选择较高的进给量。另外,在数控加工中还应综合考虑机床走刀机构强度、夹具、被加工零件精度、材料的机械性能、曲率变化、结构刚性、系统刚度及断屑情况,选择合适的进给量。

对刀具使用寿命影响最大的是切削速度,其次是进给量,最小的是切削深度。从最大生产率的观点选择切削用量,应首先选用大的背吃刀量,力求在一次或较少几次行程中把大部分余量切去,其次根据切削条件选用合适的进给量,最后根据刀具寿命和机床功率的可能,选用适当的切削速度。

3. 切削用量选择值推荐

在数控加工过程中,确定切削用量时应根据加工性质、加工要求、工件材料及刀具的尺寸和材料性能等方面的具体要求,通过经验并结合查表的方式进行选取。除了遵循一般的确定原则和方法外,还应考虑以下因素的影响:

(1)刀具差异的影响不同的刀具厂家生产的刀具质量差异很大,所以切削用量需根据实际用刀具和现场经验加以修正。

(2)机床特性的影响切削性能受数控机床的功率和机床的刚性限制,必须在机床说明书规定的范围内选择,避免因机床功率不足发生闷车,或因刚性不足而产生较大的机床振动,从而影响零件的加工质量、精度和表面粗糙度。

(3)机床效率的影响。数控机床的工时费用较高,相对而言,刀具的损耗费用所占的比重偏低,因此应尽量采用较高的切削用量,通过适当降低刀具使用寿命来提高机床的效率。

常用硬质合金或涂层硬质合金切削不同材料时的切削用量推荐见表 1-14。

表 1-14　常用硬质合金或涂层硬质合金切削用量推荐表

刀具材料	工件材料	粗加工			精加工		
		切削速度/ (m/min)	进给量/ (mm/r)	背吃刀量/ mm	切削速度/ (m/min)	进给量/ (mm/r)	背吃刀量/ mm
硬质合金或 涂层硬质合金	碳钢	220	0.2	3	260	0.1	0.4
	低合金钢	180	0.2	3	220	0.1	0.4
	高合金钢	120	0.2	3	160	0.1	0.4
	铸铁	80	0.2	3	140	0.1	0.4
	不锈钢	80	0.2	2	120	0.1	0.4
	钛合金	40	0.2	1.5	60	0.1	0.4
	灰铸铁	120	0.3	2	150	0.15	0.5
	球墨铸铁	100	0.2	2	120	0.15	0.5
	铝合金	1600	0.2	1.5	1600	0.1	0.5

(四) 复 习 题

1. 名词解释

数控刀具、硬质合金、可转位刀具、切削用量、切削速度、背吃刀量。

2. 选择题

(1) 下列刀具材料中,不适合高速切削的刀具材料是(　　)。

A. 高速钢　　　　　B. 硬质合金　　　　　C. 涂层硬质合金　　　　　D. 陶瓷

(2) 下列刀具材料中,硬度最大的刀具材料是(　　)。

A. 高速钢　　　　　B. 硬质合金　　　　　C. 涂层硬质合金　　　　　D. 氧化物陶瓷

(3) 机夹可转位刀片 TBHG120408EL—CF,其刀片代号的第一个字母 T 表示(　　)。

A. 刀片形状　　　　B. 切削刃形状　　　　C. 刀片尺寸精度　　　　D. 刀尖角度

(4) 下列因素中,对切削加工后的表面粗糙度影响最小的是(　　)。

A. 切削速度　　　　B. 背吃刀量　　　　C. 进给量　　　　D. 切削液

(5) 涂层刀片刀具一般不适合于(　　)。

A. 冲击大的间断切削　　　　　　　　　B. 高速切削

C. 切削钢铁类工件　　　　　　　　　　D. 精加工

(6) 可转位机夹刀片常用的材料有(　　)。

A. T10A　　　　　B. W18Cr4V　　　　C. 硬质合金　　　　D. 金刚石

(7) 在数控车刀中,从经济性、多样性、工艺性、适应性综合效果来看,目前采用最广泛的刀具材料是(　　)类。

A. 硬质合金　　　　B. 陶瓷　　　　C. 金刚石　　　　D. 高速钢

(8) 机夹可转位车刀的刀具几何角度由(　　)形成。

A. 刀片的几何角度　　　　　　　　　　B. 刀槽的几何角度

C. 刀片与刀槽几何角度　　　　　　　　D. 刃磨

(9)机夹可转位车刀,刀片转位更换迅速、夹紧可靠、排屑方便、定位精确,综合考虑,采用
(　　)形式的夹紧机构较为合理。

A. 螺钉上压式 　　　　　B. 杠杆式 　　　　　　C. 偏心销式 　　　　　D. 楔销式

3. 填空题

(1)数控切削加工中常见的主要_____、_____、_____、_____、_____和
_____等材料。

(2)切削用量包括_____、_____和_____三要素。

(3)可转位刀具的夹紧机构有_____、_____、_____、_____、_____、_____
六种类型。

(4)切削用量的确定原则:粗加工时以_____为主,选用较大的切削用量;半精
加工时,以保证_____为主,选用较小的切削量。

(5)对刀具使用寿命影响最大的是_____,其次是_____,最小的是_____。

4. 判断题

(1)机夹可转位车刀不用刃磨,有利于涂层刀片的推广使用。 (　　)

(2)YG类硬质合金中含钴量愈多,刀片硬度愈高,耐热性越好,但脆性越大。 (　　)

(3)YT类硬质合金比YG类的耐磨性好,但脆性大,不耐冲击,加工塑形好的钢材。

(　　)

(4)可转位车刀分为左手和右手两种不同类型的刀柄。 (　　)

(5)可转位车刀刀垫的主要作用是形成刀具合理的几何角度。 (　　)

(6)钨钛钴类硬质合金硬度高,耐磨性好,耐高温,因此可用来加工各种材料。 (　　)

5. 简答题

(1)切削用量选择时应考虑哪些因素?

(2)常用数控刀具材料有哪几类?

(3)硬质合金刀具按加工材料特性分为哪六种型号? 每种型号分别适合加工哪类零件?

(4)数控刀具选择的一般原则是什么?

6. 说明题

(1)根据图1-17所示的常用机夹可转位刀片的形状指出图1-17(a)～(h)中各自的字母
表示。

(2)说明可转位刀片CNMG120412EL—CF各字母的含义。

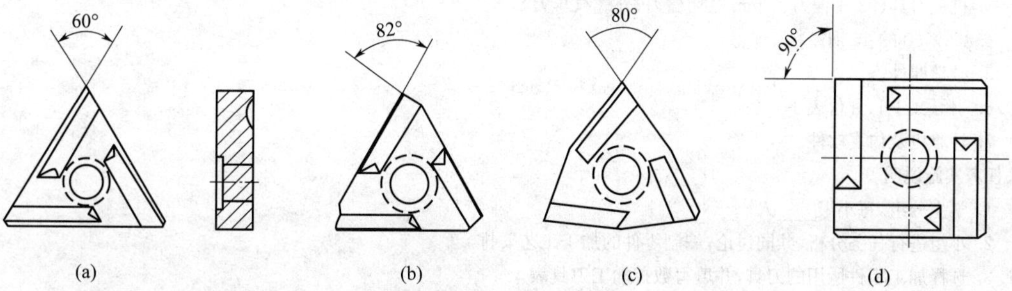

(a)　　　　　　　　　　(b)　　　　　　　　　　(c)　　　　　　　　　　(d)

图 1-17

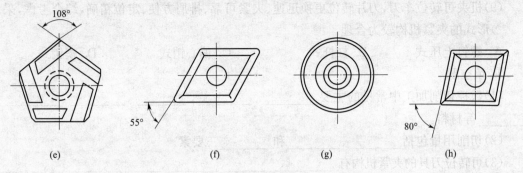

图 1-17 常见机夹可转位刀体的形状(续)

进行任务操作

任务 1:DLSKCZ-01 零件加工

任务单 1-1

适用专业:数控加工专业		适用年级:二年级	
任务名称:加工中级工鉴定件		任务编号:DLSKCZ-001	难度系数:中等
姓名:	班级:	日期:	实训室:

一、任务描述

1. 看懂零件图纸。见图 1-18 DLSKCZ-001 零件图。
2. 根据零件图编制该零件的加工工艺安排。
3. 根据零件图选择加工零件所用的刀具,并填写数控加工刀具表。
4. 选择合理的切削用量。
5. 编写加工零件的加工程序,并填写加工程序单。
6. 在数控车床上独立完成零件的加工。
7. 对加工好的零件进行检测。

二、相关资料及资源

相关资料:

1. 教材《数控车加工技术与操作》。
2. FANUC 数控系统操作手册。
3. 教学课件。

相关资源:

1. 数控车床及附件。
2. 机关的量具(游标卡尺、千分尺、螺纹环规)。
3. 机关刀具(93°正偏刀、5 mm 宽切槽刀、外螺纹车刀)。
4. φ50×90 的 45 钢棒料。
5. 教学课件。
6. 引导文 1-1、评价表 1-1。
7. 计算机及仿真软件。

三、任务实施说明

1. 学生分组,每小组____人。
2. 小组进行任务分析,共同讨论,编制零件的加工工艺安排。
3. 选择加工零件所用的刀具,并填写数控加工刀具表。
4. 共同编写零件的加工程序,并填写加工程序单。

5. 用电脑仿真软件模拟加工零件,检验加工程序的正确性。

6. 现场教学,了解数控车床的结构,掌握数控机床安全操作规程、安全文明生产,了解数控机床的日常维护和保养,掌握数控车床的操作及操作的注意事项。

7. 小组成员独立操作数控车床加工零件,并进行测量。

8. 小组合作,制作 ppt,进行讲解演练,小组成员补充优化。

9. 角色扮演,分小组进行讲解演示。

10. 完成引导文 1-1 相关内容。

四、任务实施注意点

1. 必须阅读《数控车床使用说明书》和教材,熟悉其操作规程。

2. 操作数控车床时应确保安全,包括人身和设备的安全。

3. 禁止多人同时操作一台数控车床。

4. 遇到问题时小组进行讨论,可让老师参与讨论,通过团队合作获取问题的解决。

5. 注意成本意识的培养。

五、知识拓展

1. 通过查找资料等方式,了解机械零件的精度包括哪些内容。

2. 三角螺纹有关参数的计算。

3. 工件坐标系的概念。

任务分配表:

姓 名	内 容	完成时间

任务执行人:

姓名 \ 评价	自评(10%)	互评(10%)	教师对个人的评价(80%)	备 注

日期: 年 月 日

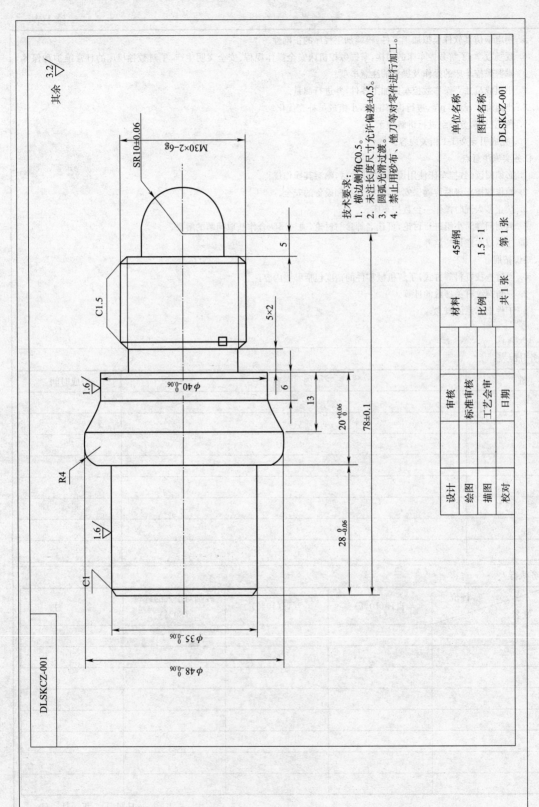

图 1-18　DLSKCZ-001 零件图

引导文 1-2

适用专业:数控加工专业		适用年级:二年级		
任务:DLSKCZ-001 零件加工				
学习小组:	姓名:	班级:		日期:

一、明确任务目的

通过任务 1 的学习,要求学生能够做得到:

(1)根据零件图纸,合理地编制零件的加工工艺安排。

(2)合理选择加工该零件所用的刀具。填写数控加工刀具表。

(3)能够独立编制该零件的加工程序,并填写加工程序单。

(4)能够独立完成该零件的车削加工,并对零件进行检测。

(5)遵守数控车床的操作规程和 6S 管理。

(6)有效沟通及团队协作、自信。

二、引导问题

(1)安全文明生产包括哪些内容?

(2)G71 粗车循环指令的走刀路径有什么特点?

(3)M30×2 螺纹牙型高度是多少?

(4)G74 U1.5 R1. 中的 R1. 代表什么意思?

(5)看零件图纸,该零件中的锥度是多少?

(6)在数控车床上车三角螺纹的方法有几种? 各用什么 G 指令?

三、引导任务实施
(1)根据任务单 1-1 给出的零件图,编制零件的加工工艺安排。   　　(2)根据零件的加工工艺安排选择刀具、量具,并填写刀具表。   　　(3)编写零件的加工程序需要哪些 G 指令、M 指令和其他指令。   　　(4)加工该零件应选择什么规格的毛坯?   　　(5)编写在数控车床上加工零件时出现了哪些问题? 怎样解决?

四、评价
根据本小组的学习评价表,相互评价,请给出小组成员的得分:
任务学习其他说明或建议:
指导老师评语:
任务完成人签字:　　　　　　　　　　　　　　　　　　日期:　　年　月　日
指导老师签字:　　　　　　　　　　　　　　　　　　日期:　　年　月　日

数控加工工序卡

工序卡						产品名称	零件名称	零件图号
工序号	程序编号	材料		数量		夹具名称	使用设备	车间(班组)

工步号	工步内容	切削用量				刀具		量具	
		V(m/min)	n(r/min)	F(mm/min)	a_p(mm)	编号	名称	编号	名称
1									
2									
3									
4									
5									
6									
7									
8									
9									
10									
编制		审核		批准			共 页	第 页	

数控加工刀具卡

产品名称或代号			零件名称			零件图号		
序号	刀具号	刀具规格名称		刀具参数		刀补地址		
				刀尖半径	刀杆规格	半径	形状	
1								
2								
3								
4								
5								
6								
7								
8								
9								
10								
编制		审核		批准		共 页	第 页	

数控加工程序卡

零件图号		零件名称		编制日期	
程 序 号		数控系统		编 制	
程序内容				程序说明	

评价表 1-3

任务的考核方式以考核评价方式与标准为依据,分为自我评价、小组成员互相评价、教师评价三部分,其中自我评价占总成绩的10%,小组成员互相评价占总成绩的10%,教师评价占总成绩的80%。每个任务总成绩评定等于三项成绩加权值。

任务1:DLSKCZ-01 零件加工

评 分 表

学习领域名称				日 期	
姓 名		工 位 号			
开工时间		设备型号			
序 号	项目名称		配 分	得 分	备 注
1	机床运行		10		
2	程序编制及安全事项		15		
3	程序编制及安全事项零件加工		75		
合 计			100		

机床运行评分表

	项 目	考核内容	配 分	实际表现	得 分
1		接通机床及系统电源	1		
2		加工速度的调整	1		
3		工件的正确安装	1		
4		工件坐标系的确定	1		
5	机床运行	刀具参数的设定	1		
6		编程界面的进入	1		
7		程序的输入与修改	1		
8		程序的仿真运行	1		
9		机床超程解除	1		
10		系统诊断问题的排除	1		
合计			10		

程序编制及安全文明生产评分表

	项 目	考核内容	配 分	实际表现	得 分
1		指令正确,程序完整	1		
2		刀具半径补偿功能运用准确	1		
3	程序编制及安全文明生产	数值计算正确	1		
4		程序编制合理	1		
5		劳保护具的佩戴	2		
6		刀具工具量具的放置	1		

	项　　目	考核内容	配　　分	实际表现	得　　分
7		刀具安装规范	1		
8	程序编制	量具的正确使用	1		
9	及安全文	设备卫生及保养	2		
10	明生产	团队协作	2		
11		学习态度	2		
合计			15		

零件加工评分表

项　　目	考核内容		配　　分	评分标准	检测结果	得　　分
外圆	$\phi 48_{-0.033}^{0}$	IT	6	超差 0.01 扣 2 分		
		Ra	4	降一级扣 2 分		
	$\phi 40_{-0.033}^{0}$	IT	6	超差 0.01 扣 2 分		
		Ra	4	降一级扣 2 分		
	$\phi 35_{-0.033}^{0}$	IT	6	超差 0.01 扣 2 分		
		Ra	4	降一级扣 2 分		
螺纹	M30×2—6g	IT	16	通止规检查不合格不得分		
		Ra	4	降级不得分		
圆弧	SR10±0.03	IT	4	不合格不得分		
		Ra	2	降级不得分		
	R4	IT	2	不合格不得分		
		Ra	2	降级不得分		
长度	78±0.1	IT	2	超差不得分		
	$28_{-0.05}^{0}$	IT	2	超差不得分		
	$20_{0}^{+0.05}$	IT	2	超差不得分		
	13	IT	1	超差不得分		
	6	IT	1	超差不得分		
	5	IT	1	超差不得分		
退刀槽	5×2	IT	2	不合格不得分		
其他	C1	IT	1	不合格不得分		
	C1.5	IT	2	不合格不得分		
	未注倒角	IT	1	不合格不得分		
合计	总配分		75	总得分		

任务2:DLSKCZ-02 零件加工

任务单 2-1

适用专业:数控加工专业		适用年级:二年级		
任务名称:加工中级工鉴定件		任务编号:DLSKCZ-002		难度系数:中等
姓名:	班级:	日期:		实训室:

一、任务描述

1. 看懂零件图纸。见图 1-19DLSKCZ-002 零件图。

2. 根据零件图编制该零件的加工工艺安排。

3. 根据零件图选择加工零件所用的刀具,并填写数控加工刀具表。

4. 选择合理的切削用量。

5. 编写加工零件的加工程序,并填写加工程序单。

6. 在数控车床上独立完成零件的加工。

7. 对加工好的零件进行检测。

二、相关资料及资源

相关资料:

1. 教材《数控车加工技术与操作》。

2. FANUC 数控系统操作手册。

3. 教学课件。

相关资源:

1. 数控车床及附件。

2. 机关的量具(游标卡尺、千分尺、螺纹环规)。

3. 机关刀具(93°正偏刀、5 mm 宽切槽刀、外螺纹车刀)。

4. $\phi 50 \times 90$ 的 45 钢棒料。

5. 教学课件。

6. 引导文 2-2、评价表 2-3。

7. 计算机及仿真软件。

三、任务实施说明

1. 学生分组,每小组＿＿＿人。

2. 小组进行任务分析,共同讨论,编制零件的加工工艺安排。

3. 选择加工零件所用的刀具,并填写数控加工刀具表。

4. 共同编写零件的加工程序,并填写加工程序单。

5. 用电脑仿真软件模拟加工零件,检验加工程序的正确性。

6. 现场教学,了解数控车床的结构,掌握数控机床安全操作规程、安全文明生产,了解数控机床的日常维护和保养,掌握数控车床的操作及操作的注意事项。

7. 小组成员独立操作数控车床加工零件,并进行测量。

8. 小组合作,制作 ppt,进行讲解演练,小组成员补充优化。

9. 角色扮演,分小组进行讲解演示。

10. 完成引导文 2-2 相关内容。

四、任务实施注意点

1. 必须阅读《数控车床使用说明书》和教材,熟悉其操作规程。

2. 操作数控车床时应确保安全,包括人身和设备的安全。

3. 禁止多人同时操作一台数控车床。

4. 遇到问题时小组进行讨论,可让老师参与讨论,通过团队合作获取问题的解决。

5. 注意成本意识的培养。

续上表

五、知识拓展

　　1. 通过查找资料等方式,了解数控加工技术的发展。

　　2. 数控加工刀具几何参数的选择。

　　3. 工件坐标系的概念。

任务分配表:

姓　　名	内　　容	完成时间

任务执行人:

姓名　　评价	自评(10%)	互评(10%)	教师对个人的评价(80%)	备　　注

日期:　　年　月　日

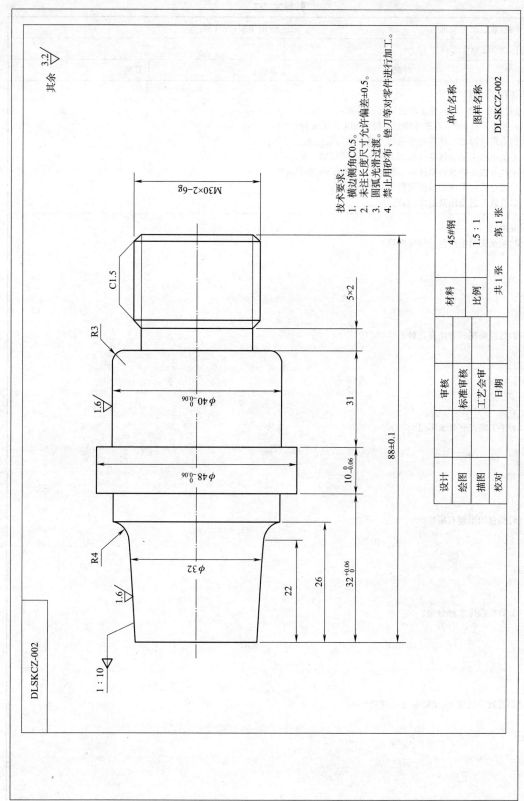

其余 $\overset{3.2}{\triangledown}$

技术要求：
1. 横边倒角C0.5。
2. 未注长度尺寸允许偏差±0.5。
3. 圆弧光滑过渡。
4. 禁止用砂布、锉刀等对零件进行加工。

M30×2-6g

C1.5

R3

$\phi 40_{-0.06}^{0}$

5×2

31

1.6

$\phi 48_{-0.06}^{0}$

10$_{-0.06}^{0}$

88±0.1

R4

$\phi 32$

$32_{0}^{+0.06}$

26

22

1.6

1.6

1 : 10

DLSKCZ-002

设计		绘图		材料	45#钢	单位名称	
审核		描图		比例	1.5：1	图样名称	
标准审核		校对		共 1 张	第 1 张	DLSKCZ-002	
工艺会审							
日期							

图 1-19 DLSKCZ-002零件图

引导文 2-2

适用专业:数控加工专业		适用年级:二年级		
任务:DLSKCZ-002 零件加工				
学习小组:	姓名:	班级:		日期:

一、明确任务目的

通过任务 2 的学习,要求学生能够做得到:

(1)根据零件图纸,合理地编制零件的加工工艺安排。

(2)合理选择加工该零件所用的刀具。填写数控加工刀具表。

(3)能够独立编制该零件的加工程序,并填写加工程序单。

(4)能够独立完成该零件的车削加工,并对零件进行检测。

(5)遵守数控车床的操作规程和 6S 管理。

(6)有效沟通及团队协作、自信。

二、引导问题

(1)安全文明生产包括哪些内容?

(2)数控编程的方法有几种?

(3)手工编程有什么不足?

(4)编程的步骤有哪些?

(5)数控机床怎样分类?

(6)在数控机床上,坐标轴怎么判断?

三、引导任务实施

　　(1)根据任务单 2-1 给出的零件图,编制零件的加工工艺安排。

　　(2)根据零件的加工工艺安排选择刀具、量具,并填写刀具表。

　　(3)编写零件的加工程序需要哪些 G 指令、M 指令和其他指令。

　　(4)加工该零件应选择什么规格的毛坯?

　　(5)编写加工程序容易出现什么问题,怎样解决?

四、评价

根据本小组的学习评价表,相互评价,请给出小组成员的得分:

任务学习其他说明或建议:

指导老师评语:

任务完成人签字:	日期: 年 月 日
指导老师签字:	日期: 年 月 日

数控加工工序卡

工 序 卡						产品名称	零件名称	零件图号
工序号	程序编号	材 料	数 量			夹具名称	使用设备	车间(班组)
工步号	工步内容	切削用量				刀 具		量 具	
		V(m/min)	n(r/min)	F(mm/min)	a_p(mm)	编号	名称	编号	名称
1									
2									
3									
4									
5									
6									
7									
8									
9									
10									
编制		审核		批准			共　页	第　页	

数控加工刀具卡

产品名称或代号			零件名称		零件图号		
序号	刀具号	刀具规格名称	刀具参数		刀补地址		
			刀尖半径	刀杆规格	半　径	形　状	
1							
2							
3							
4							
5							
6							
7							
8							
9							
10							
编制		审核		批准		共　页	第　页

数控加工程序卡

零件图号		零件名称		编制日期	
程 序 号		数控系统		编　制	
程序内容			程序说明		

评价表 2-3

　　任务的考核方式以考核评价方式与标准为依据,分为自我评价、小组成员互相评价、教师评价三部分,其中自我评价占总成绩的10%,小组成员互相评价占总成绩的10%,教师评价占总成绩的80%。每个任务总成绩评定等于三项成绩加权值。

任务 2：DLSKCZ-02 零件加工

评 分 表

学习领域名称					日　期	
姓　名			工 位 号			
开工时间			设备型号			
序　号	项目名称			配 分	得 分	备　注
1	机床运行			10		
2	程序编制及安全事项			15		
3	程序编制及安全事项零件加工			75		
合　计				100		

机床运行评分表

	项　目	考核内容	配　分	实际表现	得　分
1	机床运行	接通机床及系统电源	1		
2		加工速度的调整	1		
3		工件的正确安装	1		
4		工件坐标系的确定	1		
5		刀具参数的设定	1		
6		编程界面的进入	1		
7		程序的输入与修改	1		
8		程序的仿真运行	1		
9		机床超程解除	1		
10		系统诊断问题的排除	1		
合计			10		

程序编制及安全文明生产评分表

	项　目	考核内容	配　分	实际表现	得　分
1	程序编制及安全文明生产	指令正确,程序完整	1		
2		刀具半径补偿功能运用准确	1		
3		数值计算正确	1		
4		程序编制合理	1		
5		劳保护具的佩戴	2		

续上表

	项 目	考核内容	配 分	实际表现	得 分
6		刀具工具量具的放置	1		
7		刀具安装规范	1		
8	程序编制及安全文明生产	量具的正确使用	1		
9		设备卫生及保养	2		
10		团队协作	2		
11		学习态度	2		
合计			15		

零件加工评分表

项 目	考核内容		配 分	评分标准	检测结果	得 分
外圆	$\phi48_{-0.033}^{0}$	IT	6	超差 0.01 扣 2 分		
		Ra	4	降一级扣 2 分		
	$\phi40_{-0.033}^{0}$	IT	6	超差 0.01 扣 2 分		
		Ra	4	降一级扣 2 分		
圆锥	1：10	IT	8	不合格不得分		
		Ra	4	降一级扣 2 分		
螺纹	M30×2—6g	IT	16	通止规检查不合格不得分		
		Ra	4	降级不得分		
圆弧	R3	IT	2	不合格不得分		
		Ra	2	降级不得分		
	R4	IT	2	不合格不得分		
		Ra	2	降级不得分		
长度	88±0.1	IT	2	超差不得分		
	$32_{0}^{+0.05}$	IT	2	超差不得分		
	$10_{-0.05}^{0}$	IT	2	超差不得分		
	26	IT	1	超差不得分		
	22	IT	1	超差不得分		
	21	IT	1	超差不得分		
退刀槽	5×2	IT	2	不合格不得分		
其他	C1.5	IT	2	不合格不得分		
	未注倒角	IT	2	不合格不得分		
合计	总配分		75	总得分		

任务 3：DLSKCZ-03 零件加工

任务单 3-1

适用专业：数控加工专业		适用年级：二年级	
任务名称：加工中级工鉴定件		任务编号：DLSKCZ-003	难度系数：中等
姓名：	班级：	日期：	实训室：

一、任务描述

1. 看懂零件图纸。见图 1-20 DLSKCZ-003 零件图。

2. 根据零件图编制该零件的加工工艺安排。

3. 根据零件图选择加工零件所用的刀具，并填写数控加工刀具表。

4. 选择合理的切削用量。

5. 编写加工零件的加工程序，并填写加工程序单。

6. 在数控车床上独立完成零件的加工。

7. 对加工好的零件进行检测。

二、相关资料及资源

相关资料：

1. 教材《数控车加工技术与操作》。

2. FANUC 数控系统操作手册。

3. 教学课件。

相关资源：

1. 数控车床及附件。

2. 机关的量具(游标卡尺、千分尺、螺纹环规)。

3. 机关刀具(93°正偏刀、5 mm 宽切槽刀、外螺纹车刀)。

4. $\phi50\times90$ 的 45 钢棒料。

5. 教学课件。

6. 引导文 3-2、评价表 3-3。

7. 计算机及仿真软件。

三、任务实施说明

1. 学生分组，每小组＿＿＿人。

2. 小组进行任务分析，共同讨论，编制零件的加工工艺安排。

3. 选择加工零件所用的刀具，并填写数控加工刀具表。

4. 共同编写零件的加工程序，并填写加工程序单。

5. 用电脑仿真软件模拟加工零件，检验加工程序的正确性。

6. 现场教学，了解数控车床的结构，掌握数控机床安全操作规程、安全文明生产，了解数控机床的日常维护和保养，掌握数控车床的操作及操作的注意事项。

7. 小组成员独立操作数控车床加工零件，并进行测量。

8. 小组合作，制作 ppt，进行讲解演练，小组成员补充优化。

9. 角色扮演，分小组进行讲解演示。

10. 完成引导文 3-2 相关内容。

四、任务实施注意点

1. 必须阅读《数控车床使用说明书》和教材，熟悉其操作规程。

2. 操作数控车床时应确保安全，包括人身和设备的安全。

3. 禁止多人同时操作一台数控车床。

4. 遇到问题时小组进行讨论，可让老师参与讨论，通过团队合作获取问题的解决。

5. 注意成本意识的培养。

五、知识拓展

    1. 通过查找资料等方式,了解机械零件的精度包括哪些内容。

    2. 数控加工刀具几何参数的选择。

    3. 工件坐标系的概念。

任务分配表:

姓 名	内 容	完成时间

任务执行人:

评价 姓名	自评(10%)	互评(10%)	教师对个人的评价 (80%)	备 注

日期: 年 月 日

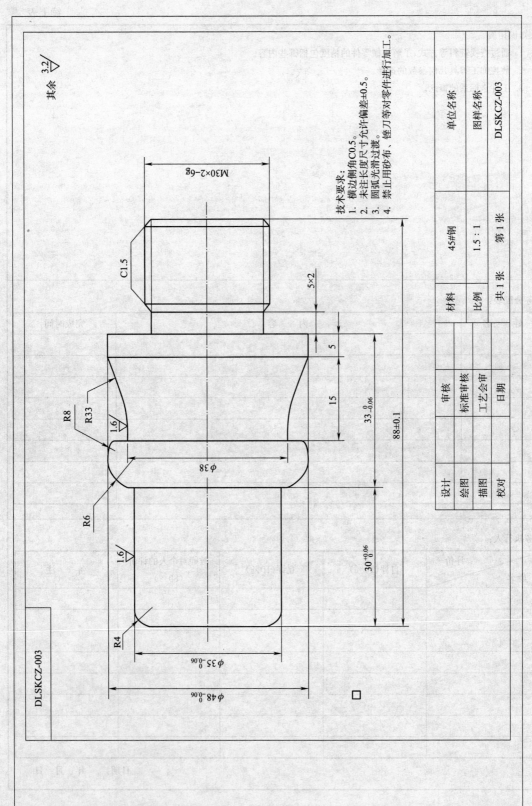

图 1-20 DLSKCZ-003零件图

引导文 3-2

适用专业:数控加工专业			适用年级:二年级	
任务:DLSKCZ-003 零件加工				
学习小组:		姓名:	班级:	日期:

一、明确任务目的

通过任务 3 的学习,要求学生能够做得到:

(1)根据零件图纸,合理地编制零件的加工工艺安排。

(2)合理选择加工该零件所用的刀具。填写数控加工刀具表。

(3)能够独立编制该零件的加工程序,并填写加工程序单。

(4)能够独立完成该零件的车削加工,并对零件进行检测。

(5)遵守数控车床的操作规程和 6S 管理。

(6)有效沟通及团队协作、自信。

二、引导问题

(1)安全文明生产包括哪些内容?

(2)车刀的形式分哪种类形?

(3)切削用量包括哪些参数?

(4)加工程序分哪几类?

(5)加工程序由哪几部分组成?

(6)什么是模态指令?什么是非模态指令?

三、引导任务实施
(1)根据任务单3-1给出的零件图,编制零件的加工工艺安排。
(2)根据零件的加工工艺安排选择刀具、量具,并填写刀具表。
(3)编写零件的加工程序需要哪些G指令、M指令和其他指令。
(4)加工该零件应选择什么规格的毛坯。
(5)编写零件的加工程序,并填写加工程序单。

四、评价
根据本小组的学习评价表,相互评价,请给出小组成员的得分:
任务学习其他说明或建议:
指导老师评语:
任务完成人签字: 日期: 年 月 日
指导老师签字: 日期: 年 月 日

数控加工工序卡

工 序 卡						产品名称	零件名称	零件图号
工序号	程序编号	材 料	数 量			夹具名称	使用设备	车间(班组)
工步号	工步内容		切削用量				刀 具	量 具
		V(m/min)	n(r/min)	F(mm/min)	a_p(mm)	编号	名称	编号	名称
1									
2									
3									
4									
5									
6									
7									
8									
9									
10									
编制		审核		批准			共 页	第 页

数控加工刀具卡

产品名称或代号			零件名称		零件图号		
序号	刀具号	刀具规格名称		刀具参数		刀补地址	
				刀尖半径	刀杆规格	半 径	形 状
1							
2							
3							
4							
5							
6							
7							
8							
9							
10							
编制		审核		批准		共 页	第 页

数控加工程序卡

零件图号		零件名称		编制日期	
程　序　号		数控系统		编　　制	
程序内容			程序说明		

评价表 3-3

任务的考核方式以考核评价方式与标准为依据,分为自我评价、小组成员互相评价、教师评价三部分,其中自我评价占总成绩的 10%,小组成员互相评价占总成绩的 10%,教师评价占总成绩的 80%。每个任务总成绩评定等于三项成绩加权值。

任务 3：DLSKCZ-03 零件加工

评 分 表

学习领域名称					日 期	
姓 名			工 位 号			
开工时间			设备型号			
序 号	项目名称		配 分	得 分		备 注
1	机床运行		10			
2	程序编制及安全事项		15			
3	程序编制及安全事项零件加工		75			
合 计			100			

机床运行评分表

	项 目	考核内容	配 分	实际表现	得 分
1		接通机床及系统电源	1		
2		加工速度的调整	1		
3		工件的正确安装	1		
4		工件坐标系的确定	1		
5	机床运行	刀具参数的设定	1		
6		编程界面的进入	1		
7		程序的输入与修改	1		
8		程序的仿真运行	1		
9		机床超程解除	1		
10		系统诊断问题的排除	1		
合计			10		

程序编制及安全文明生产评分表

	项 目	考核内容	配 分	实际表现	得 分
1		指令正确,程序完整	1		
2	程序编制及安全文明生产	刀具半径补偿功能运用准确	1		
3		数值计算正确	1		
4		程序编制合理	1		
5		劳保护具的佩戴	2		

续上表

	项　目	考核内容	配　分	实际表现	得　分
6		刀具工具量具的放置	1		
7	程序编制	刀具安装规范	1		
8	及安全文	量具的正确使用	1		
9	明生产	设备卫生及保养	2		
10		团队协作	2		
11		学习态度	2		
合计			15		

零件加工评分表

项　目	考核内容		配　分	评分标准	检测结果	得　分
外圆螺纹	$\phi 48_{-0.033}^{0}$	IT	6	超差 0.01 扣 2 分		
		Ra	4	降一级扣 2 分		
	$\phi 35_{-0.033}^{0}$	IT	6	超差 0.01 扣 2 分		
		Ra	4	降一级扣 2 分		
	M30×2－6g	IT	16	通止规检查不合格不得分		
		Ra	4	降级不得分		
圆弧	R33	IT	6	不合格不得分		
		Ra	4	降级不得分		
	R6	IT	2	不合格不得分		
		Ra	2	降级不得分		
	R4	IT	2	不合格不得分		
		Ra	2	降级不得分		
	R2	IT	2	不合格不得分		
		Ra	2	降级不得分		
长度	88±0.1	IT	2	超差不得分		
	$33_{0}^{+0.05}$	IT	2	超差不得分		
	$30_{-0.05}^{0}$	IT	2	超差不得分		
	18	IT	1	超差不得分		
	5	IT	1	超差不得分		
退刀槽	5×2	IT	2	不合格不得分		
其他	C1.5	IT	2	不合格不得分		
	未注倒角	IT	1	不合格不得分		
合计	总配分		75	总得分		

任务 4：DLSKCZ-04 零件加工

任务单 4-1

适用专业：数控加工专业			适用年级：二年级		
任务名称：加工中级工鉴定件			任务编号：DLSKCZ-004		难度系数：中等
姓名：	班级：		日期：		实训室：

一、任务描述

　　1. 看懂零件图纸。见图 1-21DLSKCZ-004 零件图。

　　2. 根据零件图编制该零件的加工工艺安排。

　　3. 根据零件图选择加工零件所用的刀具，并填写数控加工刀具表。

　　4. 选择合理的切削用量。

　　5. 编写加工零件的加工程序，并填写加工程序单。

　　6. 在数控车床上独立完成零件的加工。

　　7. 对加工好的零件进行检测。

二、相关资料及资源

　　相关资料：

　　1. 教材《数控车加工技术与操作》。

　　2. FANUC 数控系统操作手册。

　　3. 教学课件。

　　相关资源：

　　1. 数控车床及附件。

　　2. 机关的量具（游标卡尺、千分尺、螺纹环规）。

　　3. 机关刀具（93°正偏刀、5 mm 宽切槽刀、外螺纹车刀）。

　　4. $\phi50 \times 90$ 的 45 钢棒料。

　　5. 教学课件。

　　6. 引导文 4-2、评价表 4-3。

　　7. 计算机及仿真软件。

三、任务实施说明

　　1. 学生分组，每小组____人。

　　2. 小组进行任务分析，共同讨论，编制零件的加工工艺安排。

　　3. 选择加工零件所用的刀具，并填写数控加工刀具表。

　　4. 共同编写零件的加工程序，并填写加工程序单。

　　5. 用电脑仿真软件模拟加工零件，检验加工程序的正确性。

　　6. 现场教学，了解数控车床的结构，掌握数控机床安全操作规程、安全文明生产，了解数控机床的日常维护和保养，掌握数控车床的操作及操作的注意事项。

　　7. 小组成员独立操作数控车床加工零件，并进行测量。

　　8. 小组合作，制作 ppt，进行讲解演练，小组成员补充优化。

　　9. 角色扮演，分小组进行讲解演示。

　　10. 完成引导文 4-2 相关内容。

四、任务实施注意点

　　1. 必须阅读《数控车床使用说明书》和教材，熟悉其操作规程。

　　2. 操作数控车床时应确保安全，包括人身和设备的安全。

　　3. 禁止多人同时操作一台数控车床。

　　4. 遇到问题时小组进行讨论，可让老师参与讨论，通过团队合作获取问题的解决。

　　5. 注意成本意识的培养。

五、知识拓展

　　1. 通过查找资料等方式,了解机械零件的精度包括哪些内容。

　　2. 数控加工刀具几何参数的选择。

　　3. 工件坐标系的概念。

任务分配表:

姓　　名	内　　容	完成时间

任务执行人:

评价 姓名	自评(10%)	互评(10%)	教师对个人的评价 (80%)	备　　注

日期:　　年　月　日

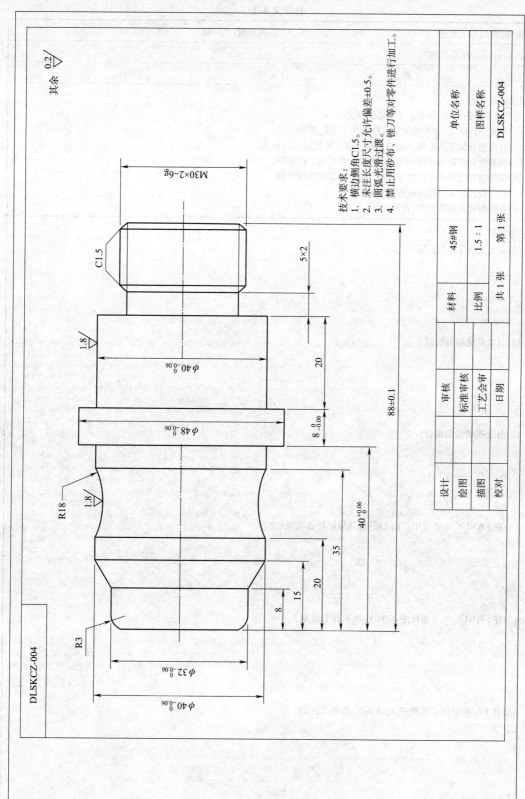

其余 $\sqrt{\dfrac{0.2}{}}$

技术要求：
1. 锐边倒角C1.5。
2. 未注长度尺寸允许偏差±0.5。
3. 圆弧光滑过渡。
4. 禁止用砂布、锉刀等对零件进行加工。

M30×2-6g

C1.5

5×2

$\phi 40_{-0.06}^{0}$

$8_{-0.06}^{0}$

$\phi 48_{-0.06}^{0}$

20

88±0.1

R18

1.8

40$_{0}^{+0.06}$

35

20

15

8

R3

$\phi 32_{-0.06}^{0}$

$\phi 40_{-0.06}^{0}$

DLSKCZ-004

设计		标准审核		单位名称	
绘图		工艺会审		图样名称	DLSKCZ-004
描图		日期		材料	45#钢
校对		审核		比例	1.5:1
				共1张	第1张

图 1-21 DLSKCZ-004零件图

引导文 4-2

适用专业：数控加工专业		适用年级：二年级	
任务：DLSKCZ-004 零件加工			
学习小组：	姓名：	班级：	日期：

一、明确任务目的

通过任务 4 的学习，要求学生能够做得到：

(1)根据零件图纸，合理地编制零件的加工工艺安排。

(2)合理选择加工该零件所用的刀具。填写数控加工刀具表。

(3)能够独立编制该零件的加工程序，并填写加工程序单。

(4)能够独立完成该零件的车削加工，并对零件进行检测。

(5)遵守数控车床的操作规程和 6S 管理。

(6)有效沟通及团队协作、自信。

二、引导问题

(1)安全文明生产包括哪些内容？

(2)什么是绝对值编程？

(3)什么是增量值编程？

(4)在 FANUC 0i 系统中，"PROG"键是显示什么功能的？

(5)在 FANUC 0i-T 系统中，G98、G99 有什么区别？

(6)在 FANUC 0i-T 系统中，G96、G97 有什么区别？

三、引导任务实施

 (1)根据任务单 4-1 给出的零件图,编制零件的加工工艺安排。

 (2)根据零件的加工工艺安排选择刀具、量具,并填写刀具表。

 (3)编写零件的加工程序需要哪些 G 指令、M 指令和其他指令?

 (4)加工该零件应选择什么规格的毛坯?

 (5)编写在数控车床上加工零件时出现了哪些问题?怎样解决?

四、评价

根据本小组的学习评价表,相互评价,请给出小组成员的得分:

任务学习其他说明或建议:

指导老师评语:

任务完成人签字:	日期: 年 月 日
指导老师签字:	日期: 年 月 日

数控加工工序卡

工 序 卡								产品名称	零件名称	零件图号
工序号	程序编号	材　料	数　　量					夹具名称	使用设备	车间(班组)
工步号	工步内容		切削用量				刀　具		量　具	
			V(m/min)	n(r/min)	F(mm/min)	a_p(mm)	编号	名称	编号	名称
1										
2										
3										
4										
5										
6										
7										
8										
9										
10										
11										
12										
编制		审核		批准				共　　页	第　　页	

数控加工刀具卡

产品名称或代号			零件名称			零件图号		
序号	刀具号	刀具规格名称		刀具参数			刀补地址	
				刀尖半径	刀杆规格	半　径	形　状	
1								
2								
3								
4								
5								
6								
7								
8								
9								
10								
11								
12								
编制		审核		批准		共　　页	第　　页	

数控加工程序卡

零件图号		零件名称		编制日期	
程 序 号		数控系统		编 制	
程序内容			程序说明		

评价表 4-3

任务的考核方式以考核评价方式与标准为依据,分为自我评价、小组成员互相评价、教师评价三部分,其中自我评价占总成绩的 10%,小组成员互相评价占总成绩的 10%,教师评价占总成绩的 80%。每个任务总成绩评定等于三项成绩加权值。

任务 4:DLSKCZ-04 零件加工

评 分 表

学习领域名称				日 期	
姓 名		工 位 号			
开工时间		设备型号			
序 号	项目名称		配 分	得 分	备 注
1	机床运行		10		
2	程序编制及安全事项		15		
3	程序编制及安全事项零件加工		75		
合 计			100		

机床运行评分表

	项 目	考核内容	配 分	实际表现	得 分
1		接通机床及系统电源	1		
2		加工速度的调整	1		
3		工件的正确安装	1		
4		工件坐标系的确定	1		
5	机床运行	刀具参数的设定	1		
6		编程界面的进入	1		
7		程序的输入与修改	1		
8		程序的仿真运行	1		
9		机床超程解除	1		
10		系统诊断问题的排除	1		
合计			10		

程序编制及安全文明生产评分表

	项 目	考核内容	配 分	实际表现	得 分
1		指令正确,程序完整	1		
2	程序编制及安全文明生产	刀具半径补偿功能运用准确	1		
3		数值计算正确	1		
4		程序编制合理	1		
5		劳保护具的佩戴	2		

	项　目	考核内容	配　分	实际表现	得　分
6	程序编制及安全文明生产	刀具工具量具的放置	1		
7		刀具安装规范	1		
8		量具的正确使用	1		
9		设备卫生及保养	2		
10		团队协作	2		
11		学习态度	2		
合计			15		

零件加工评分表

项　目	考核内容		配　分	评分标准	检测结果	得　分
外圆	$\phi 48_{-0.033}^{0}$	IT	6	超差 0.01 扣 2 分		
		Ra	4	降一级扣 2 分		
	$\phi 40_{-0.033}^{0}$	IT	6	超差 0.01 扣 2 分		
		Ra	4	降一级扣 2 分		
	$\phi 32_{-0.033}^{0}$	IT	6	超差 0.01 扣 2 分		
		Ra	4	降一级扣 2 分		
螺纹	M30×2—6g	IT	16	通止规检查不合格不得分		
		Ra	4	降级不得分		
圆弧	R18	IT	4	不合格不得分		
		Ra	1	降级不得分		
	R3	IT	2	不合格不得分		
		Ra	1	降级不得分		
长度	88±0.1	IT	2	超差不得分		
	$40_{0}^{+0.05}$	IT	2	超差不得分		
	$8_{-0.05}^{0}$	IT	2	超差不得分		
	20(两处)	IT	2	超差不得分		
	15	IT	1	超差不得分		
	9	IT	1	超差不得分		
退刀槽	5×2	IT	2	不合格不得分		
其他	C1.5	IT	2	不合格不得分		
	未注倒角	IT	3	不合格不得分		
合计	总配分		75	总得分		

任务 5:DLSKCZ-05 零件加工

任务单 5-1

适用专业:数控加工专业		适用年级:二年级	
任务名称:加工中级工鉴定件		任务编号:DLSKCZ-005	难度系数:中等
姓名:	班级:	日期:	实训室:

一、任务描述

  1. 看懂零件图纸。见图 1-22DLSKCZ-005 零件图。

  2. 根据零件图编制该零件的加工工艺安排。

  3. 根据零件图选择加工零件所用的刀具,并填写数控加工刀具表。

  4. 选择合理的切削用量。

  5. 编写加工零件的加工程序,并填写加工程序单。

  6. 在数控车床上独立完成零件的加工。

  7. 对加工好的零件进行检测。

二、相关资料及资源

  相关资料:

  1. 教材《数控车加工技术与操作》。

  2. FANUC 数控系统操作手册。

  3. 教学课件。

  相关资源:

  1. 数控车床及附件。

  2. 机关的量具(游标卡尺、千分尺、螺纹环规)。

  3. 机关刀具(93°正偏刀、5 mm 宽切槽刀、外螺纹车刀)。

  4. $\phi50\times90$ 的 45 钢棒料。

  5. 教学课件。

  6. 引导文 5-2、评价表 5-3。

  7. 计算机及仿真软件。

三、任务实施说明

  1. 学生分组,每小组____人。

  2. 小组进行任务分析,共同讨论,编制零件的加工工艺安排。

  3. 选择加工零件所用的刀具,并填写数控加工刀具表。

  4. 共同编写零件的加工程序,并填写加工程序单。

  5. 用电脑仿真软件模拟加工零件,检验加工程序的正确性。

  6. 现场教学,了解数控车床的结构,掌握数控机床安全操作规程、安全文明生产,了解数控机床的日常维护和保养,掌握数控车床的操作及操作的注意事项。

  7. 小组成员独立操作数控车床加工零件,并进行测量。

  8. 小组合作,制作 ppt,进行讲解演练,小组成员补充优化。

  9. 角色扮演,分小组进行讲解演示。

  10. 完成引导文 5-2 相关内容。

四、任务实施注意点

  1. 必须阅读《数控车床使用说明书》和教材,熟悉其操作规程。

  2. 操作数控车床时应确保安全,包括人身和设备的安全。

  3. 禁止多人同时操作一台数控车床。

  4. 遇到问题时小组进行讨论,可让老师参与讨论,通过团队合作获取问题的解决。

  5. 注意成本意识的培养。

五、知识拓展

1. 通过查找资料等方式,了解机械零件的精度包括哪些内容。

2. 数控加工刀具几何参数的选择。

3. 工件坐标系的概念。

任务分配表:

姓　名	内　容	完成时间

任务执行人:

评价 姓名	自评(10%)	互评(10%)	教师对个人的评价 (80%)	备　注

日期:　　年　月　日

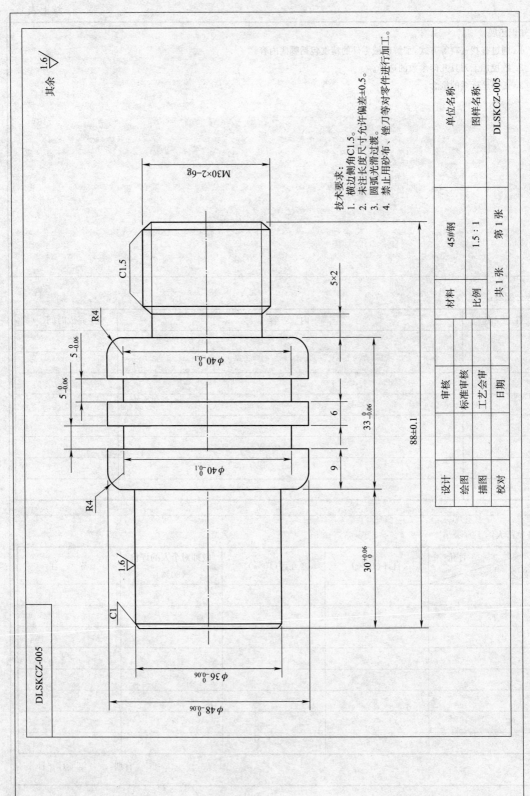

图 1-22　DLSKCZ-005零件图

引导文 5-2

适用专业:数控加工专业		适用年级:二年级		
任务:DLSKCZ-005 零件加工				
学习小组:	姓名:	班级:		日期:

一、明确任务目的

通过任务 5 的学习,要求学生能够做得到:

(1)根据零件图纸,合理地编制零件的加工工艺安排。

(2)合理选择加工该零件所用的刀具。填写数控加工刀具表。

(3)能够独立编制该零件的加工程序,并填写加工程序单。

(4)能够独立完成该零件的车削加工,并对零件进行检测。

(5)遵守数控车床的操作规程和 6S 管理。

(6)有效沟通及团队协作、自信。

二、引导问题

(1)安全文明生产包括哪些内容?

(2)在 FANUC 0i-T 系统中,G41 与 G42 有何区别?

(3)在 FANUC 0i-T 系统中,G71 与 G73 指令有什么不同?

(4)用 G02 或 G03 指令编程,它们的指令格式有哪几种?

(5)在加工过程中,切槽刀易打刀、断刀的原因是什么?

(6)在车削加工外沟槽时,通常选用什么样的车刀来加工?

三、引导任务实施

(1)根据任务单 5-1 给出的零件图,编制零件的加工工艺安排。

(2)根据零件的加工工艺安排选择刀具、量具,并填写刀具表。

(3)编写零件的加工程序需要哪些 G 指令、M 指令和其他指令。

(4)加工该零件应选择什么规格的毛坯?

(5)编写在数控车床上加工零件时出现了哪些问题?怎样解决?

四、评价

根据本小组的学习评价表,相互评价,请给出小组成员的得分:

任务学习其他说明或建议:

指导老师评语:

任务完成人签字: 日期: 年 月 日

指导老师签字: 日期: 年 月 日

数控加工工序卡

工 序 卡							产品名称	零件名称	零件图号
工序号	程序编号	材 料		数 量			夹具名称	使用设备	车间(班组)
工步号	工步内容		切削用量				刀 具		量 具
		V(m/min)	n(r/min)	F(mm/min)	a_p(mm)		编号	名称	编号 名称
1									
2									
3									
4									
5									
6									
7									
8									
9									
10									
11									
12									
编制		审核			批准			共 页	第 页

数控加工刀具卡

产品名称或代号			零件名称			零件图号			
序号	刀具号	刀具规格名称			刀具参数		刀补地址		
				刀尖半径	刀杆规格	半 径	形 状		
1									
2									
3									
4									
5									
6									
7									
8									
9									
10									
11									
12									
编制		审核			批准		共 页	第 页	

数控加工程序卡

零件图号		零件名称		编制日期	
程 序 号		数控系统		编　　制	
程序内容				程序说明	

评价表 5-3

任务的考核方式以考核评价方式与标准为依据,分为自我评价、小组成员互相评价、教师评价三部分,其中自我评价占总成绩的 10%,小组成员互相评价占总成绩的 10%,教师评价占总成绩的 80%。每个任务总成绩评定等于三项成绩加权值。

任务 5:DLSKCZ-05 零件加工

评 分 表

学习领域名称			日　期	
姓　名		工 位 号		
开工时间		设备型号		
序　号	项目名称	配分	得 分	备　注
1	机床运行	10		
2	程序编制及安全事项	15		
3	程序编制及安全事项零件加工	75		
合　计		100		

机床运行评分表

	项　目	考核内容	配分	实际表现	得　分
1	机床运行	接通机床及系统电源	1		
2		加工速度的调整	1		
3		工件的正确安装	1		
4		工件坐标系的确定	1		
5		刀具参数的设定	1		
6		编程界面的进入	1		
7		程序的输入与修改	1		
8		程序的仿真运行	1		
9		机床超程解除	1		
10		系统诊断问题的排除	1		
合计			10		

程序编制及安全文明生产评分表

	项　目	考核内容	配分	实际表现	得　分
1	程序编制及安全文明生产	指令正确,程序完整	1		
2		刀具半径补偿功能运用准确	1		
3		数值计算正确	1		
4		程序编制合理	1		
5		劳保护具的佩戴	2		

	项　目	考核内容	配　分	实际表现	得　分
6		刀具工具量具的放置	1		
7		刀具安装规范	1		
8	程序编制	量具的正确使用	1		
9	及安全文	设备卫生及保养	2		
10	明生产	团队协作	2		
11		学习态度	2		
合计			15		

零件加工评分表

项　目	考核内容		配　分	评分标准	检测结果	得　分
外圆	$\phi 48_{-0.033}^{0}$	IT	6	超差 0.01 扣 2 分		
		Ra	4	降一级扣 2 分		
	$\phi 35_{-0.033}^{0}$	IT	6	超差 0.01 扣 2 分		
		Ra	4	降一级扣 2 分		
	$\phi 40_{-0.1}^{0}$	IT	6	超差不得分		
		Ra	4	降级不得分		
螺纹	M30×2—6g	IT	16	通止规检查不合格不得分		
		Ra	4	降级不得分		
圆弧	R4(两处)	IT	4	不合格不得分		
		Ra	2	降级不得分		
长度	88±0.1	IT	2	超差不得分		
	$33_{-0.05}^{0}$	IT	2	超差不得分		
	$30_{0}^{+0.05}$	IT	2	超差不得分		
	$5_{-0.05}^{0}$ 两处	IT	4	超差不得分		
	9	IT	1	超差不得分		
	5	IT	1	超差不得分		
退刀槽	5×2	IT	2	不合格不得分		
其他	C1	IT	1	不合格不得分		
	C1.5	IT	2	不合格不得分		
	未注倒角	IT	2	不合格不得分		
合计	总配分		75	总得分		

项目二 高 级 篇

学习相关知识

数控车床是在普通车床的基础上发展起来的,除了具有普通机床的性能特点外,还具有加工精度高、效率高、加工质量稳定等优点,是目前使用最广泛的机床之一。通过数控加工程序的运行,除了可自动完成对轴类、盘类等回转体零件的切削加工外,还可以进行车槽、钻孔、扩孔、铰孔、攻螺纹及对复杂外形轮廓回转面等工序的切削加工。

（一）数控车床的基本知识

1. 数控车床的分类

（1）按主轴位置分类

1）卧式数控车床卧式数控车床是其指主轴轴线平行于水平面的数控车床,如图 2-1 所示。按导轨布局形式可分为水平导轨卧式数控车床和倾斜导轨卧式数控车床。

2）立式数控车床立式数控车床是其指主轴轴线垂直于水平面的数控车床,如图 2-2 所示。立式数控车床有一个直径很大的圆形工作台,供装夹工件使用。这类数控车床主要用于加工径向尺寸较大、轴向尺寸较小的大型复杂零件。

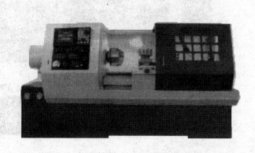
图 2-1 卧式数控车床

图 2-2 立式数控车床

（2）按可控轴数量分类

1）两轴控制数控车床一般常见的数控机床上只有一个回转刀架,也称单刀架数控机床,可以实现两坐标轴控制,这类数控车床一般为卧式结构。

2）四轴控制数控车床机床上有两个独立回转刀架,也称双刀架数控车床,可以实现四坐标轴控制。它分为平行交错双刀架（两刀架轴线平行）（图 2-3(a)）和垂直交错双刀架（两刀架轴线垂直）（图 2-3(b)）。车床一般结构为卧式结构,加工时两个刀架可同时加工零件,提高加工效率,在加工细长轴时还可以减少零件的变形。

（3）按控制功能分类

1）经济型数控车床此类数控车床属于低、中档数控车床,多采用步进电动机的开环伺服系统控制,一般以普通卧式车床机械结构为基础,经过数控化改造而成,加工精度较差。

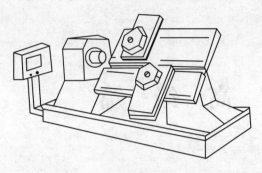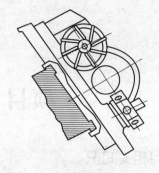

(a) 平行交错双刀架   (b) 垂直交错双刀架

图 2-3 双刀架数控车床

2)全功能型数控车床此类数控车床属于高档数控车床,多采用直流调速或交流主轴控制单元驱动的伺服电动机,进行半闭环或全闭环伺服系统控制,可进行多个坐标轴的控制,具有高刚度、高精度、高效率等特点及自动除屑等功能,如图 2-4 所示。

3)数控车削加工中心此类数控车床属于复合加工机床,即配备刀库、自动换刀装置、分度装置、铣削动力装置等部件。除具有一般两轴联动数控车床的各种车削功能外,由于增加了连续精确分度的 C 轴功能和能使刀具旋转的动力头。可控制 X、Z 轴和 C 轴,其联动轴数(X、Z)、(X、C)和(Z、C)使其加工功能大大增加。因此,不仅可以加工外轮廓,还可进行端面和圆周任意部位的钻削、攻螺纹、平面及曲面的铣削等加工,如图 2-5 所示。

图 2-4 全功能型卧式数控车床   图 2-5 数控车削加工中心

2. 数控车床的基本结构

(1)数控车床床身布局形式

数控车床的主轴、尾座等部件的布局形式与普通卧式车床基本一致,但刀架和床身导轨的布局形式与普通卧式车床相比却发生了根本性的变化。它不仅影响机床的结构和外观,还直接影响数控车床的使用性能,如刀具和工件的装夹、切屑的清理以及相对位置等,其床身有四种布局形式。

1)水平床身。水平床身的工艺性好,便于导轨面的加工,如图 2-6 所示。水平床身配上水平放置的刀架可提高刀架的运动精度。但水平刀架增加了机床宽度方面的结构尺寸,并且床身下部排屑空间小,排屑困难。

2)斜床身。斜床身的导轨倾斜角度有 30°、45°、75°,如图 2-7 所示。它和水平床身斜刀架滑板都具有排屑容易、操作方便、机床占地面积小、外观美观等优点,因而被中小型数控车床普遍采用。

3)水平床身斜刀架。水平床身配上倾斜放置的刀架滑板,如图 2-8 所示。这种布局形式的床身工艺性好,机床宽度方向的尺寸也较水平配置滑板的要小,且排屑方便。

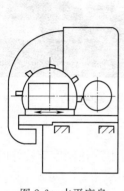

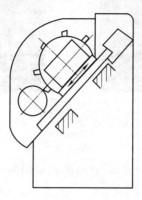
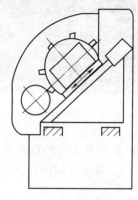

图 2-6　水平床身　　　　　　图 2-7　斜床身　　　　　　图 2-8　水平床身斜刀架

4)立床身。其床身平面与水平面呈垂直状态,刀架位于工件上侧。从排屑的角度考虑,立式床身最好,切屑可以自由落下,不易损伤轨道面,导轨的维护与防护也较简单,但机床的精度差,故运用较少。

(2)数控车床刀架系统

按刀架位置形式分为前置刀架和后置刀架,一般斜床身为后置刀架,平床身为前置刀架。按刀架形式又可以分为单刀架数控车床和双刀架数控车床。

1)回转刀架可分为四工位转动式刀架(图 2-9)和多工位回转(图 2-10)。刀具沿着圆周方向安装在刀架上,其中四工位转动式刀架可以安装径向、轴向车刀,多工位转塔式刀架可以安装轴向车刀。

图 2-9　四工位转动式刀架　　　　　　图 2-10　多工位回转刀架

2)排式刀架用于小规模数控机床上以加工棒料或盘类零件为主,如图 2-11 所示。

3)铣削动力头数控车刀刀架安装铣削动力头以后,可以扩展机床的加工能力。图 2-12 为铣削动力头在加工六棱体零件。

图 2-11　排刀刀架

图 2-12　铣削动力头

3. 数控车床的特点

（1）床身高。刚度化数控车床的床身、立柱等均采用静刚度、动刚度、热刚度等较好的支承构件。

（2）传动结构简化。数控车床主轴转速由主轴伺服驱动系统直接控制与调节，取代了传统卧式车床的多级齿轮传动系统，简化了机械传动结构。

（3）主轴转速高速化。由于数控系统均采用变频调速主轴电机，没有中间齿轮传动环节，因此其速度调节范围大，转速高。

（4）传动元件精度高。采用效率、刚度和精度等各方面都高的传动元件，如滚珠丝杠螺母副、静压蜗杆副及静压导轨等。

（5）主传动与进给传动分离。由于数控系统协调 X、Z 轴伺服电机两轴联动，取代了传统机床的主传动联动。

（6）操作自动化。数控系统采用工件的自动夹紧装置、自动换刀装置、自动排屑装置、自动润滑装置、双刀架装置，全方位实现了操作上的自动化，操作者的劳动趋于智力型。

（7）全封闭防护。数控设备均采用全封闭结构，封闭式加工，既清洁、安全，又美观。

（8）对操作维修人员的技术水平要求高。正确的维护和有效的维修是提高数控车床效率的基本保证。数控车床的维修人员应有较高的、较全面的数控理论知识和维修技术。维修人员应有比较宽的机、电、液专业知识，才能综合分析、判断故障根源，缩短因故障停机时间，实现高效维修。

4. 数控车床主要加工对象

（1）要求表面精度高的回转体零件。由于数控车床的刚性好，制造和对刀精度高以及能方便和精确地进行人工补能加工出表面粗糙度小的零件，在材质、精车留量和刀具已定的情况下，表面粗糙度取决于进给量和切削速度。在传统普通车床上车削端面时，由于转速在切削过程中恒定，这样在左端面内的粗糙度值不一致。而使用数控车床可以选用最佳线速度来切削端面，这样切出的粗糙度既均匀又一致。数控车床还适合于车削各部位表面粗糙度要求不同的零件。粗糙度小的部位可以通过减小走刀量的方法来实现。

（2）要求表面粗糙度值小的回转体零件。由于数控机床的刚性和制造精度高，再加上数控车床具有恒线速度切削功能，因此杂的回转体及具有复杂封闭内成形面的零件。

组成零件轮廓的曲线既可以是数学模型描述的曲线，也可以是列表曲线。对于由非圆曲线组成的轮廓,可用非圆曲线插补功能;若所选系统没有曲线插补功能,则也可以利用宏程序编制来实现对零件的加工。

(3)要求表面形状特别复杂的回转体零件。由于数控车床即具有直线和圆弧插补功能,部分车床数控装置还有某些非圆曲线插补功能,如椭圆、抛物线、双曲线等,因此可以车削由任意直线与曲线、曲线与曲线等外形复偿及自动补偿,所以它能够加工尺寸精度要求高的零件。此外,由于数控车削时刀具运动是通过高精度插补运算和伺服驱动来实现的,再加上机床的刚性好和制造精度高,所以它能加工对母线直线度、圆度、圆柱度要求高的零件,尤其对圆弧以及其他曲线轮廓形状的零件。

另外,数控车削对提高位置精度特别有效,车削零件位置精度的高低主要取决于零件的装夹次数和机床的制造精度。而且,在数控车床上加工零件如果发现位置精度较低,可以通过修改程序的方法来校正,以提高零件的位置精度。

(4)要求带有横向加工的回转体零件。由于数控车削加工中心能够实现车、铣两种模式的加工,因此带有键槽、径向孔或端面分布的孔系及有曲面的盘套或轴类零件,可以选数控车削加工中心来完成对零件的加工,如图 2-13 所示。

(5)超精密、超低表面粗糙度的零件超精加工的轮廓精度可达 $0.1~\mu m$,表面的粗糙度可达 $0.02~\mu m$,超精加工所用数控系统的最小设定单位应达到 $0.01~\mu m$。超精车削零件的材质以前主要是金属,现已扩大到塑料和陶瓷。这些都适合于在高精度、高功能的数控车床上加工。

(6)要求带有特殊螺纹的回转体零件由于数控车床不但能车削等导程的直、锥和端面螺纹,也能车削变导程的螺纹零件,而且车削螺纹的效率很高,这是普通车床不能完成的。另外数控车床采用的是机夹硬质合金螺纹铣刀,以及采用较高的转速,所以车削出来的螺纹不仅精度高、而且表面粗糙度值小,如图 2-14 所示。

图 2-13 具有横向加工的回转体零件

图 2-14 各种复杂外形的回转体零件

(二)数控车削常用夹具

在机械加工中按工艺规程要求,用来迅速定位装夹工件,使其占有正确的位置并能可靠地夹紧工艺装备称为夹具。在数控车床上,大多数情况是使用工件或毛坯的外圆定位,圆周定位夹具是车削加工中最常用的夹具。

1. 数控车床夹具的分类

车床主要用于对回转体零件的各表面进行加工,根据这个特点在数控车床上常用的夹具有三爪自动定心卡盘、软爪、四爪卡盘的弹簧套筒等。

(1)三爪自动定心卡盘

三爪自动定心卡盘分为机械螺旋式、气压式与液压式卡盘等,其外形结构基本相似,如图2-15所示。常用的是机械式自动定心卡盘,其三个卡爪是同步运动的,可以自动定心,不需找正,夹持范围大,装夹速度快,但定心精度存在误差(一般在0.05 mm以内),因此不适于同轴度要求高的工件进行二次装夹。自定心卡盘装夹方便、省时,但夹紧力小,适合装夹外形规则的中小型工件。另外,三爪自定心卡盘还可装成正爪或反爪两种形式,反爪用来装夹直径较大的工件。用三爪卡盘装夹工件进行粗车或精车时,若工件直径小于或等于30 mm,其悬伸长度应不大于直径的5倍,若工件直径大于30 mm,其悬伸长度应不大于直径的3倍。

(2)四爪单动卡盘

四爪单动卡盘如图2-16所示,四个卡爪能各自独立运动,因此工件装夹时必须找正,即将加工部分的旋转中心找正到与车床主轴旋转中心重合才可切削加工。

四爪单动卡盘有正爪和反爪两种形式,反爪适合装夹较大的工件。单动卡盘找正比较费时,但夹紧力较大,适合装夹大型或形状不规则的工件,如偏心轴、套类零件、长度较短的不规则零件的加工。

图2-15　三爪自动定心卡盘　　　　　图2-16　四爪单动卡盘

2. 数控车床工件的装夹

顶尖是机械加工中的机床部件,可以分为死顶尖(图2-17)和活顶尖(图2-18)两种形式。死顶尖与工件回转中心孔发生摩擦,在接触面上要加润滑脂润滑,以防摩擦过热烧蚀。死顶尖定心准确,刚性好,适合于低速切削和工件精度要求较高的场合。活顶尖随工件一起转动,与工件中心孔无摩擦,适合于高速切削。由于活顶尖克服了固定顶尖的缺点,因此也得到广泛应用。但活动顶尖存在一定的装配积累误差,而且当滚动轴承磨损后,会使顶尖产生跳动,这些都会降低加工精度。

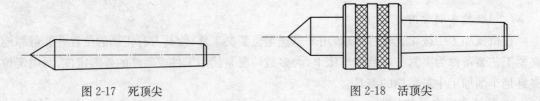

图2-17　死顶尖　　　　　　　　　图2-18　活顶尖

(1)两顶尖之间装夹工件

装夹工件时,必须先在工件的两端面钻出中心孔,而且在主轴一端应使用鸡心夹和拨盘夹紧来带动工件旋转,如图2-19所示。前顶尖装在车床主轴锥孔中,如自制前顶尖可用三爪卡盘装夹与主轴一起旋转,后顶尖可以直接或加锥套安装在机床尾座锥孔内。中心孔能够在各个工序中重复使用,其定位精度不变。轴两端中心孔作为定位基准与轴的设计基准、测量基准一致,符合基准重合原则。两顶尖装夹工件方便,定位精度高,因此在车削轴类零件时普遍采用。

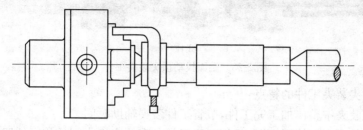

图 2-19　两顶尖装夹工件

（2）用卡盘和顶尖装夹工件

用两顶尖装夹工件虽然精度高,但刚性较差。因此,车削质量较大工件时要一端用卡盘夹住,另一端用后顶尖支承,如图 2-20 所示。为了防止工件由于切削力的作用而产生轴向位移,必须在卡盘内安装一限位支承,或利用工件的台阶面限位。这种方法比较安全,能承受较大的轴向切削力,安装刚性好,轴向定位准确,所以应用比较广泛。

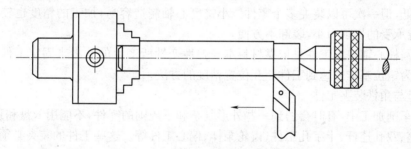

图 2-20　一夹一顶装夹工件

（3）拨动顶尖装夹工件

拨动顶尖是在数控车床上用来代替鸡心夹头及拨盘等传统车床夹具的更新换代产品。使用拨动顶尖装夹工件时,不像传统夹具那样必须夹紧工件外圆,而是依靠拨爪驱动工件的端面并使用其随车床主轴旋转,能在一次装夹中完成对工件外圆的加工。内拨动顶尖如图 2-21 所示,一般用于管类、套类工件的装夹。外拨动顶尖如图 2-22 所示,一般用于长轴类工件的装夹。端面拨动顶尖如图 2-23 所示,利用端面拨爪带动工件旋转,适合装夹工件的直径在 $\phi50\sim\phi150$ mm 之间。在顶尖间加工轴类工件时,车削前要调整尾座顶尖轴线与车床主轴轴线重合,使用尾座时,套筒尽量伸出短些,以减小振动。

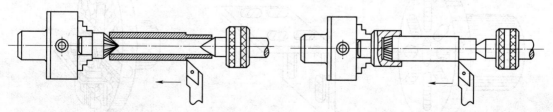

图 2-21　内拨动顶尖装夹工件　　　　　　图 2-22　外拨动顶尖装夹工件

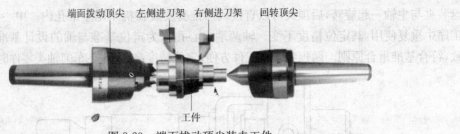

端面拨动顶尖　左侧进刀架　右侧进刀架　回转顶尖

工件

图 2-23　端面拨动顶尖装夹工件

使用拨动顶尖装夹工件的特点：

1)可在一次装夹中整体加工完工件,节省工件装夹辅助时间。

2)等直径工件不存在接刀问题,且加工后工件各有关表面之间的相互位置精度高。

3)夹紧力不受机床主轴转速影响,适应高速车削的要求。

4)工件端面对中心线有较大位置误差时,仍能保证可靠夹紧。

(4)定位心轴装夹工件

在数控车床上加工一些小型的套、带轮、齿轮零件时,为保证零件外圆轴线和内孔轴线的同轴度要求,经常使用心轴定位加工外圆和端面。心轴定位有以下几点：

1)圆柱心轴装夹工件有圆柱心轴和小锥度心轴两种。间隙配合装夹主要靠螺母来压紧,精度相对较低,但一次可以装夹多个零件。小锥度心轴制造容易,加工的精度也较高,但轴向无法定位,能承受的切削力小,装卸不方便。

2)弹性圆柱心轴装夹工件是依靠材料本身弹性变性所产生的肋力来固定工件,也是一种以工件内孔为定位基准来达到工件相互位置精度的方法。

(5)花盘与角铁装夹工件

在数控车削加工中,有时会遇到一些外形复杂和不规则的零件,不能用卡盘和顶尖进行装夹,如轴承座、双孔连杆、十字孔工件、齿轮泵体、偏心工件等。这些工件的装夹必须借助花盘、角铁等辅助夹具进行装夹。

1)花盘被加工表面回转轴线与基准面互相垂直、外形复杂的工件,可以装夹在花盘上车削。夹具为圆盘形,采用花盘式车床夹具时,一般以工件上的圆柱面及垂直的端面作为定位基准。花盘如图 2-24 所示,其中长方形圆孔为固定辅助夹具元件螺栓孔。

2)角铁被加工表面回转轴线与基准面互相平行、外形复杂的工件,可以装夹在花盘的角铁上加工。角铁如图 2-25 所示。

3)花盘、角铁组成对于一些加工表面的回转轴线与基准面平行、外形复杂的零件可以装夹在角铁上加工,组合示意图如图 2-26 所示。

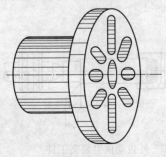

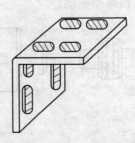

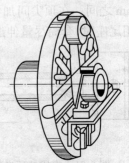

图 2-24　花盘　　　　　　　图 2-25　角铁　　　　　图 2-26　花盘、角铁组合示意图

注:用四爪卡盘、花盘、角铁(弯板)等装夹不规则偏重工件时,必须加配重。

3. 工件的安装与夹具的选择

(1)工件的安装

1)力求符合设计基准、工艺基准、安装基准和工件坐标系基准的统一。

2)减少装夹次数,尽可能做到在一次装夹后能加工全部待加工表面。

3)尽可能采用专用夹具,减少占机装夹与调整的时间。

(2)夹具的选择

1)小批量加工零件,尽可能采用组合夹具、可调式夹具以及其他通用夹具。

2)成批生产考虑采用专用夹具,力求装卸方便。

3)夹具的定位及夹紧机构的元件不能影响刀具的走刀路线。

4)装卸零件要方便可靠,成批生产可采用气动夹具、液压夹具和多工位夹具。

(三)数控车削常用刀具

在数控车削加工过程中,合理选用刀具不仅可以提高刀具切削加工的精度、表面质量、效率及降低加工成本,而且也可以实现对难加工材料进行切削加工。为使粗车能大吃刀、快走刀,要求粗车刀具强度高、耐用度好。精车首先是保证加工精度,要求刀具的精度高、耐用度好,为此应尽可能多地采用可转位车刀。

1. 数控车床可转位刀具的种类

数控车床可转位刀具按其用途可分为外圆刀具、内孔刀具、切槽(断)刀具、端面刀具、内外螺纹刀具和圆弧刀具,如图 2-27 所示。可转位刀具刚性夹紧方式,如图 2-28 所示。

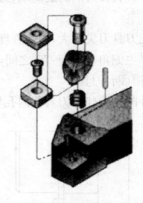

图 2-27 常见数控车床可转位刀具   图 2-28 可转位刀具刚性夹紧连接方式

(1)外圆刀具

使用最多的是菱形刀片,按其菱形锐角不同有 35°、55°和 80°三类,其中 35°、80°菱形刀片,如图 2-29 所示。

1)可转位 35°菱形刀片刀尖角小,刀片强度低,散热性和耐用度差,其优点是成型加工性好。

2)可转位 80°菱形刀片的刀尖角大小适中,刀片有较好的强度、散热性和耐用度,能车外圆、倒角及端面。

(2)内孔刀具

其车削安放方式为刀杆轴心线与主轴轴线平行,有两种类型盲孔刀具和通孔刀具,如图 2-30 所示。

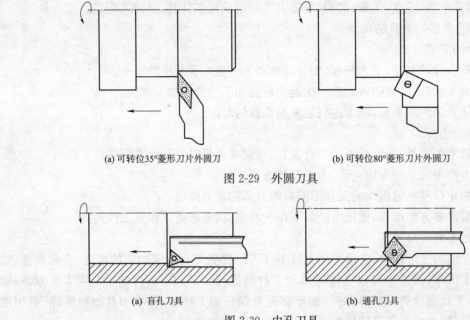

(a) 可转位35°菱形刀片外圆刀　　　　　　(b) 可转位80°菱形刀片外圆刀

图 2-29　外圆刀具

(a) 盲孔刀具　　　　　　　　　　　(b) 通孔刀具

图 2-30　内孔刀具

1)盲孔刀具刀尖角小,强度低,散热性和耐用度差,主要用于对封闭孔或台阶孔的加工,切削部分的几何形状基本上与偏刀相似。主偏角在 90°～95° 之间,大于 90°,以保证内孔端面与孔壁垂直。刀尖在刀柄的最前端,刀尖与刀柄外端的距离应小于内孔半径,否则孔的底平面就无法车平。

2)通孔刀具刀尖角大,刀片强度高,散热性和耐用度好,切削部分的几何形状基本上与外圆刀相似。主偏角在 60°～75° 之间,以减小径向切削力和振动。

（3）切槽（断）刀具

分为外圆切槽（断）刀具与内孔切槽刀具两种形式,如图 2-31 所示。

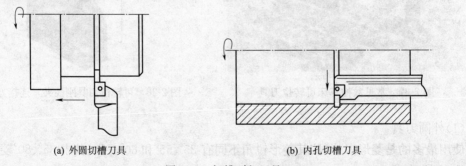

(a) 外圆切槽刀具　　　　　　　　　　(b) 内孔切槽刀具

图 2-31　切槽（断）刀具

1)外圆切槽（断）刀具外圆切槽（断）刀片伸出不宜过长,刀头中心线必须装得与工件轴线垂直,以保证两个副偏角相等。切断实心工件时,切断刀尖必须与工件轴线等高,否则不能切削到中心,而且容易使切断刀片折断。

2)内孔切槽刀具刀杆与刀片强度很差,使用时刀具伸出不要过长,以防引起振动。

（4）端面刀具

端面刀具有两种形式,如图 2-32 所示。

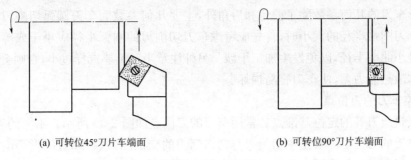

(a) 可转位45°刀片车端面　　　　　　(b) 可转位90°刀片车端面

图 2-32　端面刀具

1)用 45°刀片车端面是常采用的一种形式,刀尖强度高。

2)用 90°刀片车端面刀尖强度高,车削效果较好。常用于端面、外圆、内孔、台阶的加工。

(5)内、外螺纹刀具

螺纹刀属于成形刀,其加工的螺纹形状完全由两侧的刀刃形状决定,如图 2-33 所示。

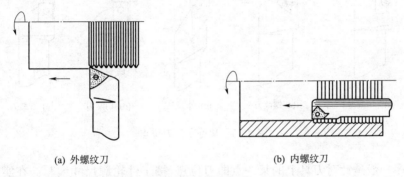

(a) 外螺纹刀　　　　　　　　　　　(b) 内螺纹刀

图 2-33　螺纹刀具

1)可转位外螺纹刀刀尖角为 60°并带有修牙尖刃口,加工效果好。螺距不同,其刀片略有差异。

2)可转位内螺纹刀刀尖角为 60°并带有修牙尖刃,与外螺纹相比散热性较差、强度低。

(6)圆弧刀具

圆弧刀具如图 2-34 所示。它是较为特殊的数控加工刀具,其特征是主切削刃的形状为圆度误差很小的圆弧,该圆弧上的每一点都是圆弧形车刀的刀尖,因此,刀位点不在圆弧上,而在该圆弧的圆心点上。理论上车刀圆弧半径与被加工零件的形状无关,在编程与对刀时,并可按需要灵活按圆心轨迹编程,对刀时按圆心点确定或经测定后确认。圆弧刀具广泛应用于车削内、外表面及各种光滑连接的凹形面零件。

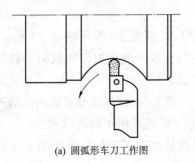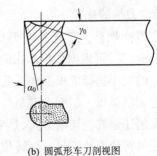

(a) 圆弧形车刀工作图　　　　　　　(b) 圆弧形车刀剖视图

图 2-34　圆弧刀具

　　圆弧形车刀的几何参数除了前角和后角外,主要几何参数为车刀圆弧切削刃的形状及半径。选择车刀圆弧半径的大小时,首先应考虑车刀切削刃的圆弧半径应小于或等于零件凹形轮廓上的最小曲率半径,以免发生加工干涉。另外注意半径不要选择过小,否则会因刀头强度过低或刀体散热能力差,使车刀容易损坏。

　　2. 数控车刀的刀位点

　　刀位点是指刀具的定位基准点。常用车刀的刀位点如图 2-35 所示。不同的刀具,其刀位点不同。车刀的刀位点一般是主切削刃与副切削刃的交汇点,这种以直线形切削刃为特征的刀具属于尖形车刀。但实际上机夹刀具刀尖都有圆弧,由于有刀尖半径的存在,在切削加工时刀具切削点在刀尖圆弧上有变动,因此刀位点设定为刀尖圆弧的圆心。

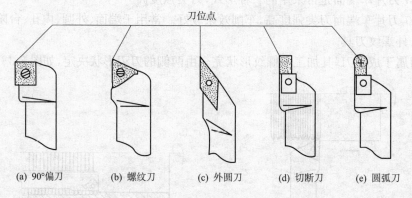

图 2-35　常见车刀刀位点

(a) 90°偏刀　　(b) 螺纹刀　　(c) 外圆刀　　(d) 切断刀　　(e) 圆弧刀

　　数控程序一般是针对刀具上的某一点即刀位点,按工件轮廓尺寸编写。在实际对刀过程中还要进行刀具圆弧半径的补偿,否则在切削锥面和圆弧时,会出现过切或少切的现象,从而产生误差。

　　3. 可转位刀片刀尖半径的选择

　　刀尖圆弧半径的大小直接影响刀尖的强度及被加工零件的表面粗糙度。刀尖圆弧半径大,表面粗糙度值增大,切削力增大,切削力增大且易产生振动,切削性能变差,但刀刃强度增大,刀具前后面磨损减少。因此,在粗车时只要机床刚度允许,应尽可能采用较大的刀尖圆弧半径。通常情况下,在切深较小的精加工、细长轴类件加工、机床刚性较差的情况下,应尽可能选用较小些的刀尖圆弧。常用数控车刀规定刀尖圆弧半径的尺寸为 0.2 mm、0.4 mm、0.8 mm、1.2 mm 等。

　　4. 可转位刀体的选择

　　(1)确定刀柄规格。常规外圆刀柄截面为方形,刀柄截面,常用的有 20 mm×20 mm、25 mm×25 mm 等,可根据数控车床的刀架规格进行选取。内孔刀刀柄截面一般为铣扁圆柱形,内孔尺寸的大小选择应根据加工孔的实际情况来定。

　　(2)确定切削类型。切削类型是外圆车削还是内圆车削、操作类型是纵向车削还是端面车削、是仿形车削还是其他切削方式、是采用负前角形式还是采用正前角形式。

　　(3)确定可转位刀片牌号。可转位刀片牌号可根据被加工零件材料切削工序及切削状况的稳定性进行选择。

（4）选择相应的切削参数。在厂家提供的刀片盒上给出了不同材料的切削参数和进给起始值。

5. 数控车刀的装夹

常规数控车削刀具为条形方刀体或圆柱形刀杆。在普通数控车床的四工位刀架上由于刀尖高度精度在制造时就应得到保证，因此一般可不加垫片调整，如图 2-36 所示。

对于长径比例较大的内经刀杆，最好具有抗振结构。内径刀的冷却液最好先引入刀体，再从刀头附近喷出。

对于车削加工中心来说，其刀具都是装夹在自动换刀盘的刀库中，如图 2-37 所示。

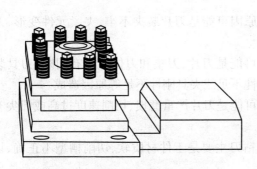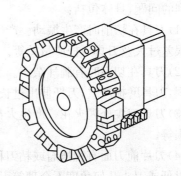

图 2-36　普通数控车床四工位刀架　　　　图 2-37　数控车削中心刀盘结构

该刀盘每个刀位上既可以径向装刀，也可以轴向装刀。外圆刀通常安装在径向，内孔刀通常安装在轴向。刀具以刀杆尾部和一个侧面定位。当采用标准尺寸刀具时，只要定位准确，锁紧可靠，就能确定刀尖在刀盘上的相对位置。

条形方刀体一般用槽形刀架螺钉紧固方式固定，圆柱刀杆是用套筒螺钉紧固方式固定。它们与机床刀盘之间的连接是通过槽形刀架和套筒接杆来连接。在模块化数控车削中心工具系统中，刀头与刀体的连接是"插入快换式系统"。

6. 安装可转位刀具的要求

（1）刀片安装

1）更换刀片时应清理刀片、刀垫和刀杆各接触面，使接触面无铁屑和杂物，表面若有凸起点则应修平。已用过的刃口应转向切屑流向的定位面。

2）刀片转位时应稳固靠向定位面，夹紧时用力适当，不宜过大。对于偏心式结构的刀片夹紧时需要用手按住刀片，使刀片贴紧底面。

3）夹紧的刀片、刀垫和刀杆三者的接触面应贴合无缝，注意刀尖部位紧贴良好，不得有漏光现象，刀垫更不得有松动现象。

（2）刀杆安装

1）刀杆安装时其底面应清洁、无黏着物。若使用垫片调整刀尖高度，垫片应平直，最多不要超过 3 块垫片。如内侧和外侧面也须做安装定位面，应擦拭干净。

2）刀杆伸出长度在满足加工要求下尽可能短，普通刀杆一般伸出长度是刀杆厚度的 1～1.5 倍，最长不能超过 3 倍。伸出过长会使刀杆刚性变差，切削时产生振动，影响工件的表面粗糙度。

3)车刀刀尖应与工件轴线等高,否则会因基面和切削平面的位置发生变化,使后角减小,增大车刀后刀面与工件间的摩擦。当车刀刀尖低于工件轴线时,会使前角减小,切削力增加,切削不顺利。

4)车削端面时,车刀刀尖高于或低于工件中心,车削后工件端面中心处留有凸头,当车到中心处时会使刀尖崩碎。

5)车刀刀杆中心线应与进给方向垂直,否则会使主偏角和副偏角的角度值发生变化。

7. 可转位车刀使用时易出现的问题

利用可转位车刀加工时,尽管考虑了非常充足的因素,但是可转位刀具仍可能出现不少意想不到的问题,具体包括:

(1)刀具在切削时产生振动。产生振动的原因可能是刀片装夹不牢、夹紧元件变形、刀片尺寸误差过大及刀具刀杆质量差等。

(2)刀具在切削时有刺耳杂声。刺耳杂声可能是刀片、刀垫和刀体接触有间隙,刀具装夹不牢固,刀具磨损严重,刀杆伸出过长,工件刚性不足或夹具刚性不足等原因造成。

(3)刀具刀尖处闪火花。产生火花的原因可能是刀片严重磨损、切削速度过高或刀尖有点滴破损等。

(4)刀片前刀面有积屑瘤或粘刀积屑瘤或粘刀主要是工件材质软、切削槽型不正确、切削速度过低或刀头几何角度不合理等引起。

(5)刀片有剥离现象产生此现象的原因可能是切削液浇注不充分、适宜干切削的高硬度材料而浇注了切削液、刀片质量差等。

(6)切屑乱飞溅加工脆性工件材料或正常切削进给量过大时都可能有此现象发生。

(四)复 习 题

1. 选择题

(1)目前工具厂制造的 45°、75°可转位车刀多采用(　　　)刀片。

A. 正三边形　　　　　B. 凸三边形　　　　　C. 菱形　　　　　D. 正四边形

(2)工件以中心孔定位时,一般不选用(　　　)作定位元件。

A. 通用顶尖　　　　　B. 外拔顶尖　　　　　C. 定位销　　　　　D. 特殊顶尖

(3)关于数控车床夹具影响加工精度,不正确的表述有(　　　)。

A. 结构力求紧凑　　　　　　　　　B. 加工减重孔

C. 悬伸长度要短　　　　　　　　　D. 重心尽可能指向夹具中心

(4)机夹可转位车刀的刀具几何角度是由(　　　)形成。

A. 刀片的几何角度　　　　　　　　B. 刀槽的几何角度

C. 刀片与刀槽几何角度　　　　　　D. 刃磨

(5)车削曲轴的主轴颈或曲拐颈通常用(　　　)装夹。

A. 三爪自定心卡盘　　　　　　　　B. 四爪单动卡盘

C. 双顶尖　　　　　　　　　　　　D. 花盘

(6)刀尖圆弧半径增大时,径向力将(　　　)。

A. 减小　　　　　B. 增大　　　　　C. 不变

(7)刀尖圆弧只有在加工(　　　)时才产生误差。

A. 端面　　　　　B. 圆柱　　　　　C. 圆弧

(8)在数控机床上使用的夹具最重要的是( )。

A. 夹具的刚性好 B. 夹具的精度高 C. 夹具上有对刀基准

(9)被加工工件刚度、硬度、塑性愈大时,刀具寿命( )。

A. 愈高 B. 愈低 C. 不变

(10)角铁式车床夹具上的夹紧机构,一般选用( )夹紧机构。

A. 偏心 B. 斜楔 C. 螺旋 D. 任意

2. 填空题

(1)车床用的三爪自定心卡盘、四爪单动卡盘属于_____夹具。

(2)工件的装夹表面为三边形或正六边形的工件宜采用_____夹具。

(3)采用气动、液动等夹具时适应的场合为_____生产。

(4)在花盘上安装形状不对称的工件时,在轻的一边要加_____,否则重心将偏移。

(5)在普通数控车床上使用的是_____刀架,在全功能数控车床上使用的是_____刀架。

(6)内孔加工的盲孔刀具小底_____、_____和_____差。

(7)数控车床床身布局形式包括_____、_____、_____和_____。

(8)按刀架位置形式分为_____和_____,按刀架形式又可以分为_____和_____。

(9)用一夹一顶装夹工件时,如果夹持部分较短,属于_____定位。

(10)车床上加工壳体、支座等类零件时,选用车床_____夹具。

3. 判断题

(1)在机床上用夹具装夹工件时,夹具的主要功能是使工件定位和夹紧。 ( )

(2)车床夹具的夹具体一般应制成圆形,必要时可设置防护罩。 ( )

(3)安装内孔加工刀具时,应尽可能使刀尖平齐或稍高于工件中心。 ( )

(4)车削中心的模块化快换刀具结构,它由刀具头部、连接部分和刀体组成。 ( )

(5)机夹可转位车刀不用刃磨,有利于涂层刀片的推广使用。 ( )

(6)可转位车刀刀垫的主要作用是形成刀具合理的几何角度。 ( )

(7)刀尖的半径选较大,倒棱的宽度取较小,可以减少细长轴的径向切削力。 ( )

(8)由于数控车床可以加工形状复杂的回转体零件,因此不使用成形车刀。 ( )

(9)三爪自定心卡盘软卡爪的特点是可定期用车刀来镗卡爪面确保卡盘与机床回转。
( )

(10)在夹紧工件时,夹紧力应尽可能大,以保证工件加工中位置稳定和防止振动。( )

4. 简答题

(1)简述数控车床的分类情况。

(2)简述数控车床床身的几种形式。

(3)简述数控车削的主要加工对象。

(4)数控车床采用通用夹具装夹工件有何优点?

(5)数控刀具选择的一般原则是什么?

进行任务操作

任务 1:DLSKCG-01 零件加工

任务单 1-1

适用专业:数控加工专业		适用年级:三年级		
任务名称:加工高级工鉴定件		任务编号:DLSKCG-001		难度系数:较难
姓名:	班级:	日期:		实训室:

一、任务描述

1. 看懂零件图纸。见图 2-38DLSKCG-001 零件图。

2. 根据零件图编制该零件的加工工艺安排。

3. 根据零件图选择加工零件所用的刀具,并填写数控加工刀具表。

4. 选择合理的切削用量。

5. 编写加工零件的加工程序,并填写加工程序单。

6. 在数控车床上独立完成零件的加工。

7. 对加工好的零件进行检测。

二、相关资料及资源

相关资料:

1. 教材《数控车加工技术与操作》。

2.FANUC 数控系统操作手册。

3. 教学课件。

相关资源:

1. 数控车床及附件。

2. 机关的量具(游标卡尺、千分尺、螺纹环规。内径千分尺、内螺纹塞规等)。

3. 机关刀具(93°正偏刀、5 mm 宽切槽刀、外螺纹车刀、内孔车刀、内螺纹车刀等)。

4. ϕ50×150 的 45 钢棒料。

5. 教学课件。

6. 引导文 1-2,评价表 1-3。

7. 计算机及仿真软件。

三、任务实施说明

1. 学生分组,每小组＿＿＿人。

2. 小组进行任务分析,共同讨论,编制零件的加工工艺安排。

3. 选择加工零件所用的刀具,并填写数控加工刀具表。

4. 共同编写零件的加工程序,并填写加工程序单。

5. 用电脑仿真软件模拟加工零件,检验加工程序的正确性。

6. 现场教学,了解数控车床的结构,掌握数控机床安全操作规程、安全文明生产,了解数控机床的日常维护和保养,掌握数控车床的操作及操作的注意事项。

7. 小组成员独立操作数控车床加工零件,并进行测量。

8. 小组合作,制作 ppt,进行讲解演练,小组成员补充优化。

9. 角色扮演,分小组进行讲解演示。

10. 完成引导文 1-2 相关内容。

四、任务实施注意点

1. 必须阅读《数控车床使用说明书》和教材,熟悉其操作规程。

2. 操作数控车床时应确保安全,包括人身和设备的安全。

3. 禁止多人同时操作一台数控车床。

4. 遇到问题时小组进行讨论,可让老师参与讨论,通过团队合作获取问题的解决。

5. 注意成本意识的培养。

五、知识拓展

1. 通过查找资料等方式,了解数控加工零件配合精度有哪些要求。

2. 数控加工刀具几何参数的选择。

3. 工件坐标系的概念。

任务分配表:

姓　　名	内　　容	完成时间

任务执行人:

姓名 ＼ 评价	自评(10%)	互评(10%)	教师对个人的评价(80%)	备　　注

日期:　年　月　日

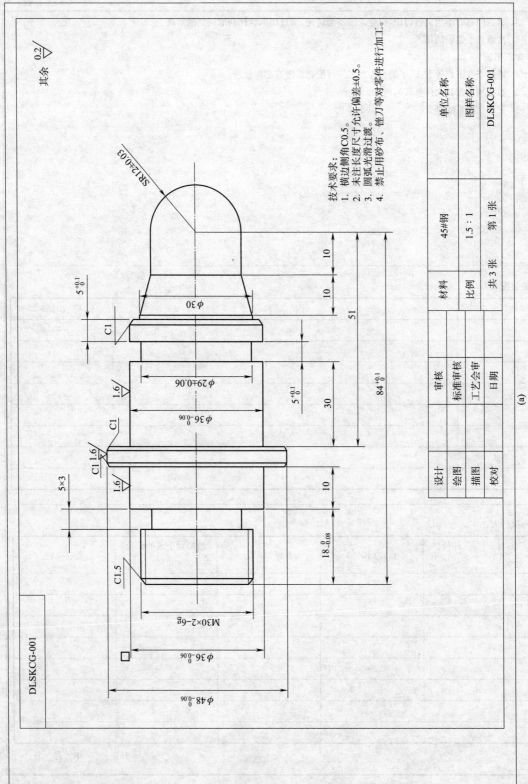

图 2-38

技术要求:
1. 横边侧角C0.5。
2. 未注长度尺寸允许偏差=0.5。
3. 圆弧光滑过渡。
4. 禁止用砂布、锉刀等对零件进行加工。

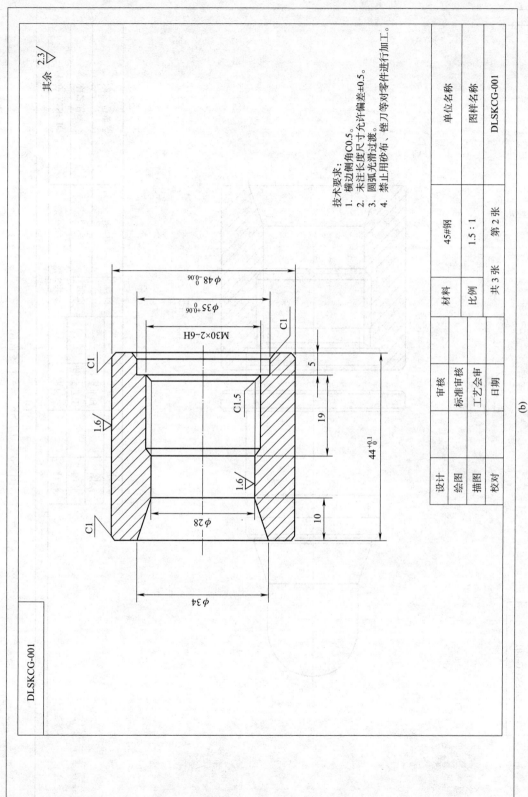

其余 $\sqrt{2.3}$

DLSKCG-001

技术要求：
1. 横边倒角C0.5。
2. 未注长度尺寸允许偏差±0.5。
3. 圆弧光滑过渡。
4. 禁止用砂布、锉刀等对零件进行加工。

C1

$\phi 48_{-0.06}^{0}$

$\phi 35_{0}^{+0.06}$

M30×2-6H

C1.5

C1

$\phi 28$

$\phi 34$

5

19

$44_{0}^{+0.1}$

10

$\sqrt{1.6}$

$\sqrt{1.6}$

C1

C1

设计		审核		单位名称	
绘图		标准审核		图样名称	
描图		工艺会审			DLSKCG-001
校对		日期			
材料	45#钢				
比例	1.5 : 1		第 2 张		
			共 3 张		

图 2-38（b）

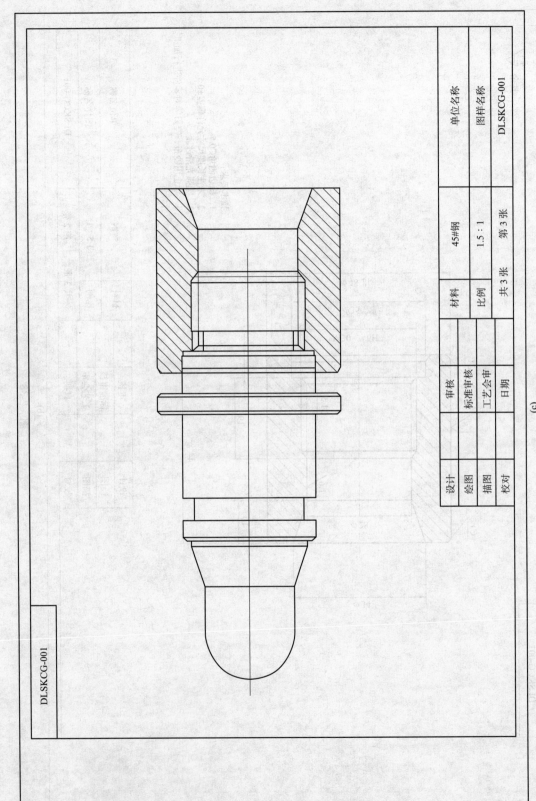

DLSKCG-001

设计		审核		单位名称	
绘图		标准审核		图样名称	
描图		工艺会审			DLSKCG-001
校对		日期			

材料	45#钢
比例	1.5：1
共 3 张	第 3 张

(c)

图 2-38　DLSKCG-001零件图

引导文 1-2

适用专业：数控加工专业		适用年级：三年级	
任务：DLSKCG-001 零件加工			
学习小组：	姓名：	班级：	日期：

一、明确任务目的

通过任务 1 的学习，要求学生能够做得到：

(1)根据零件图纸，合理地编制零件的加工工艺安排。

(2)合理选择加工该零件所用的刀具。填写数控加工刀具表。

(3)能够独立编制该零件的加工程序，并填写加工程序单。

(4)能够独立完成该零件的车削加工，并对零件进行检测。

(5)遵守数控车床的操作规程和 6S 管理。

(6)有效沟通及团队协作、自信。

二、引导问题

(1)安全文明生产包括哪些内容？

(2)数控车床镗孔车刀装刀及对刀步骤有哪些？

(3)在数控车床上镗内孔时，G71 指令在程序上的编写过程中与车外圆有什么不同？

(4)在数控车床上加工零件时划分工步的方法有哪些？

(5)在数控车床加工零件的内孔时如何使用磨耗来控制尺寸？并举例说明。

(6)测量内孔尺寸时，通常会使用哪几种量具来进行测量？

三、引导任务实施

(1)根据任务单1-1给出的零件图,编制零件的加工工艺安排。

(2)根据零件的加工工艺安排选择刀具、量具,并填写刀具表。

(3)编写零件的加工程序需要哪些 G 指令、M 指令和其他指令。

(4)加工该零件应选择什么规格的毛坯?

(5)编写在数控车床上加工零件时出现了哪些问题? 怎样解决?

四、评价

根据本小组的学习评价表,相互评价,请给出小组成员的得分:

任务学习其他说明或建议:

指导老师评语:

任务完成人签字: 日期: 年 月 日

指导老师签字: 日期: 年 月 日

数控加工工序卡

工 序 卡							产品名称	零件名称	零件图号
工序号	程序编号	材 料	数 量				夹具名称	使用设备	车间(班组)
工步号	工步内容		切削用量				刀 具		量 具
			V(m/min)	n(r/min)	F(mm/min)	a_p(mm)	编号	名称	编号	名称
1										
2										
3										
4										
5										
6										
7										
8										
9										
10										
11										
12										
编制		审核		批准			共 页	第 页	

数控加工刀具卡

产品名称或代号		零件名称		零件图号			
序号	刀具号	刀具规格名称		刀具参数		刀补地址	
				刀尖半径	刀杆规格	半 径	形 状
1							
2							
3							
4							
5							
6							
7							
8							
9							
10							
11							
12							
编制		审核		批准		共 页	第 页

数控加工程序卡

零件图号		零件名称		编制日期	
程　序　号		数控系统		编　　制	
程序内容			程序说明		

评价表 1-3

任务的考核方式以考核评价方式与标准为依据,分为自我评价、小组成员互相评价、教师评价三部分,其中自我评价占总成绩的 10%,小组成员互相评价占总成绩的 10%,教师评价占总成绩的 80%。每个任务总成绩评定等于三项成绩加权值。

任务 1:DLSKCG-01 零件加工

评 分 表

学习领域名称				日 期	
姓 名		工 位 号			
开工时间		设备型号			
序 号	项目名称		配 分	得 分	备 注
1	机床运行		10		
2	程序编制及安全事项		15		
3	程序编制及安全事项零件加工		75		
合 计			100		

机床运行评分表

	项 目	考核内容	配 分	实际表现	得 分
1		接通机床及系统电源	1		
2		加工速度的调整	1		
3		工件的正确安装	1		
4		工件坐标系的确定	1		
5	机床运行	刀具参数的设定	1		
6		编程界面的进入	1		
7		程序的输入与修改	1		
8		程序的仿真运行	1		
9		机床超程解除	1		
10		系统诊断问题的排除	1		
合计			10		

程序编制及安全文明生产评分表

	项 目	考核内容	配 分	实际表现	得 分
1		指令正确,程序完整	1		
2		刀具半径补偿功能运用准确	1		
3		数值计算正确	1		
4		程序编制合理	1		
5	程序编制及安全文明生产	劳保护具的佩戴	2		
6		刀具工具量具的放置	1		
7		刀具安装规范	1		
8		量具的正确使用	1		
9		设备卫生及保养	2		
10		团队协作	2		
11		学习态度	2		
合计			15		

零件加工评分表

项目		考核内容		配分	评分标准	检测结果	得分
件一	外圆	$\phi 48_{-0.021}^{0}$	IT	4	超差 0.01 扣 2 分		
			Ra	2	降一级扣 1 分		
		$\phi 35_{-0.021}^{0}$	IT	4	超差 0.01 扣 2 分		
			Ra	2	降一级扣 1 分		
		$\phi 30$	IT	1	超差不得分		
		$\phi 29 \pm 0.05$	IT	1	超差不得分		
	外螺纹	M30×2—6g	IT	4	通止规检查不合格不得分		
			Ra	1	降级不得分		
		$18_{-0.03}^{0}$	IT	2	超差不得分		
	圆弧	SR12±0.03	IT	4	超差不得分		
			Ra	2	降级不得分		
	长度	$84_{0}^{+0.1}$	IT	2	超差不得分		
		51	IT	1	超差不得分		
		20	IT	1	超差不得分		
		10（3 处）	IT	3	超差不得分		
		$5_{0}^{+0.1}$（2 处）	IT	2	不合格不得分		
	退刀槽	5×3	IT	2	不合格不得分		
件二	外圆	$\phi 48_{-0.021}^{0}$	IT	4	超差 0.01 扣 2 分		
			Ra	2	降一级扣 1 分		
	内孔	$\phi 35_{0}^{+0.021}$	IT	4	超差 0.01 扣 2 分		
			Ra	2	降一级扣 1 分		
		$\phi 34$	IT	1	超差不得分		
		$\phi 28$	IT	1	超差不得分		
	内螺纹	M30×2—6H	IT	4	通止规检查不合格不得分		
		19	IT	1	超差不得分		
	长度	$44_{0}^{+0.1}$	IT	2	超差不得分		
		10	IT	1	超差不得分		
		5	IT	1	超差不得分		
其他		C1	IT	2.5	不合格不得分		
		C1.5	IT	1	不合格不得分		
		未注倒角	IT	0.5	不合格不得分		
配合		件一与件二螺纹配合		10	不能配合不得分		
合计		总配分		75	总得分		

任务 2:DLSKCG-02 零件加工

任务单 2-1

适用专业:数控加工专业			适用年级:三年级		
任务名称:加工高级工鉴定件			任务编号:DLSKCG-002		难度系数:较难
姓名:		班级:	日期:	实训室:	

一、任务描述

1. 看懂零件图纸。见图 2-39 DLSKCG-002 零件图。

2. 根据零件图编制该零件的加工工艺安排。

3. 根据零件图选择加工零件所用的刀具,并填写数控加工刀具表。

4. 选择合理的切削用量。

5. 编写加工零件的加工程序,并填写加工程序单。

6. 在数控车床上独立完成零件的加工。

7. 对加工好的零件进行检测。

二、相关资料及资源

相关资料:

1. 教材《数控车加工技术与操作》。

2. FANUC 数控系统操作手册。

3. 教学课件。

相关资源:

1. 数控车床及附件。

2. 机关的量具(游标卡尺、千分尺、螺纹环规。内径千分尺、内螺纹塞规等)。

3. 机关刀具(93°正偏刀、5 mm 宽切槽刀、外螺纹车刀、内孔车刀、内螺纹车刀等)。

4. $\phi 50 \times 150$ 的 45 钢棒料。

5. 教学课件。

6. 引导文 2-2、评价表 2-3。

7. 计算机及仿真软件。

三、任务实施说明

1. 学生分组,每小组____人。

2. 小组进行任务分析,共同讨论,编制零件的加工工艺安排。

3. 选择加工零件所用的刀具,并填写数控加工刀具表。

4. 共同编写零件的加工程序,并填写加工程序单。

5. 用电脑仿真软件模拟加工零件,检验加工程序的正确性。

6. 现场教学,了解数控车床的结构,掌握数控机床安全操作规程、安全文明生产,了解数控机床的日常维护和保养,掌握数控车床的操作及操作的注意事项。

7. 小组成员独立操作数控车床加工零件,并进行测量。

8. 小组合作,制作 ppt,进行讲解演练,小组成员补充优化。

9. 角色扮演,分小组进行讲解演示。

10. 完成引导文 2-2 相关内容。

四、任务实施注意点

1. 必须阅读《数控车床使用说明书》和教材,熟悉其操作规程。

2. 操作数控车床时应确保安全,包括人身和设备的安全。

3. 禁止多人同时操作一台数控车床。

4. 遇到问题时小组进行讨论,可让老师参与讨论,通过团队合作获取问题的解决。

5. 注意成本意识的培养。

五、知识拓展

　　1. 通过查找资料等方式,了解数控加工零件配合精度有哪些要求。

　　2. 数控加工刀具几何参数的选择。

　　3. 工件坐标系的概念。

任务分配表:

姓　　名	内　　容	完成时间

任务执行人:

评价 姓名	自评(10%)	互评(10%)	教师对个人的评价 (80%)	备　　注

日期:　　　年　月　日

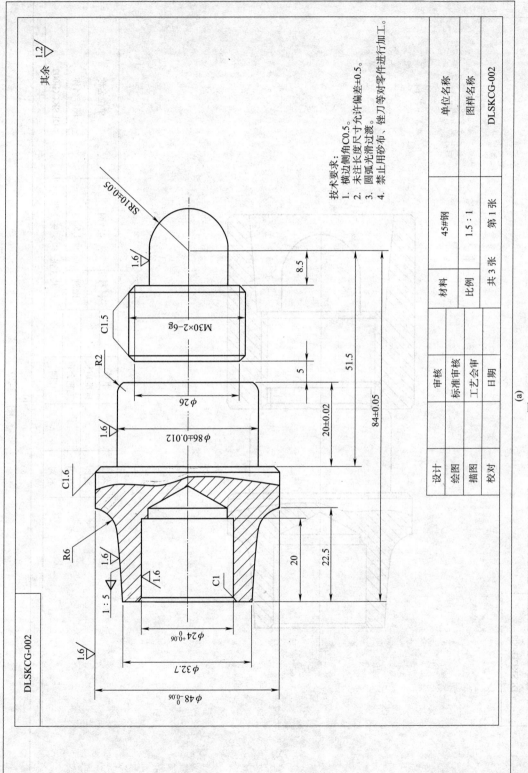

图 2-39

（a）

技术要求：
1. 锐边侧角C0.5。
2. 未注长度尺寸允许偏差±0.5。
3. 圆弧光滑过渡。
4. 禁止用砂布、锉刀等对零件进行加工。

共余 12

DLSKCG-002

	单位名称		
设计			
绘图		图样名称	
描图			DLSKCG-002
校对			
审核	材料	45#钢	
标准审核	比例	1.5：1	
工艺会审	共 3 张	第 1 张	
日期			

M30×2-6g

SR10±0.05

C1.5

R2

φ26

φ86±0.012

C1.6

R6

1：5

1.6

C1

φ24+0.06 0

φ32.7

φ48 0 -0.06

8.5

5

51.5

20±0.02

84±0.05

20

22.5

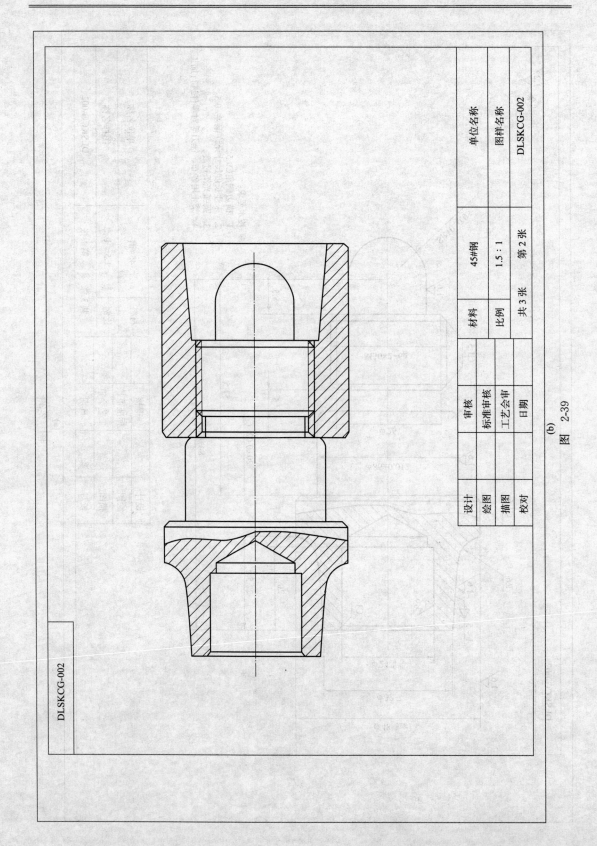

DLSKCG-002

设计		审核		材料	45#钢	单位名称	
绘图		标准审核		比例	1.5：1	图样名称	DLSKCG-002
描图		工艺会审					
校对		日期		共 3 张	第 2 张		

图 2-39（b）

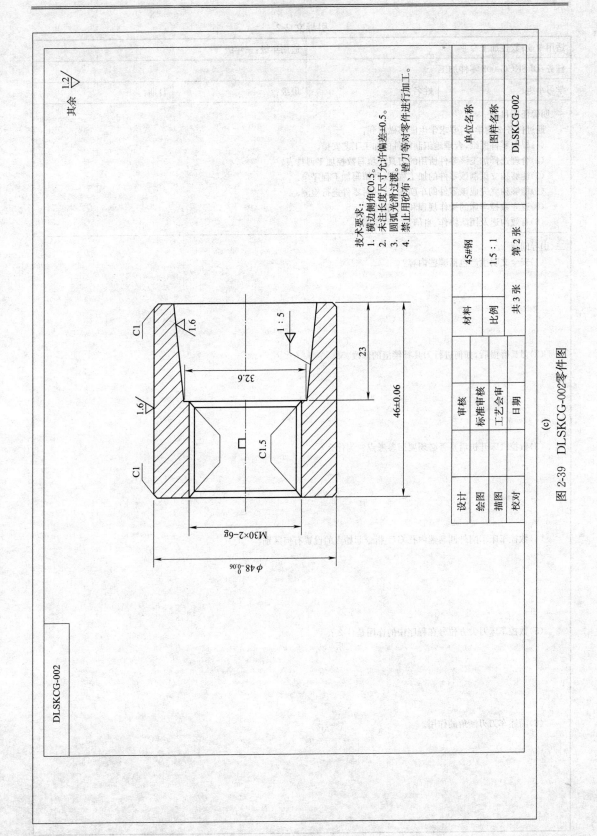

图 2-39 DLSKCG-002零件图

DLSKCG-002

其余 $\sqrt{\frac{12}{}}$

技术要求:
1. 横边侧角C0.5。
2. 未注长度尺寸允许偏差±0.5。
3. 圆弧光滑过渡。
4. 禁止用砂布、锉刀等对零件进行加工。

设计				材料	45#钢	单位名称	
绘图				比例	1.5：1	图样名称	
描图			工艺会审	共 3 张	第 2 张	DLSKCG-002	
校对			日期				
	审核						
	标准审核						

(c)

引导文 2-2

适用专业：数控加工专业		适用年级：三年级	
任务：DLSKCG-002 零件加工			
学习小组：	姓名：	班级：	日期：

一、明确任务目的

    通过任务 2 的学习，要求学生能够做得到：

    (1)根据零件图纸，合理地编制零件的加工工艺安排。

    (2)合理选择加工该零件所用的刀具。填写数控加工刀具表。

    (3)能够独立编制该零件的加工程序，并填写加工程序单。

    (4)能够独立完成该零件的车削加工，并对零件进行检测。

    (5)遵守数控车床的操作规程和 6S 管理。

    (6)有效沟通及团队协作、自信。

二、引导问题

    (1)安全文明生产包括哪些内容？

    (2)刀具磨损后，如何进行刀具补偿值的修改？

    (3)数控机床开机后是否必须要回参考点？ 为什么？

    (4)数控车床车削外圆与镗内孔 G71 指令起始点的设置有何区别？

    (5)数控车床刀尖方位号在程序中的作用是什么？

    (6)简述车刀刃倾角的作用。

三、引导任务实施

　　(1)根据任务单 2-1 给出的零件图,编制零件的加工工艺安排。

　　(2)根据零件的加工工艺安排选择刀具、量具,并填写刀具表。

　　(3)编写零件的加工程序需要哪些 G 指令、M 指令和其他指令。

　　(4)加工该零件应选择什么规格的毛坯?

　　(5)编写在数控车床上加工零件时出现了哪些问题? 怎样解决?

四、评价
根据本小组的学习评价表,相互评价,请给出小组成员的得分:
任务学习其他说明或建议:
指导老师评语:
任务完成人签字:　　　　　　　　　　　　　　　　　　　　　日期:　　年　月　日
指导老师签字:　　　　　　　　　　　　　　　　　　　　　　日期:　　年　月　日

数控加工工序卡

工 序 卡							产品名称	零件名称	零件图号
工序号	程序编号	材 料	数 量				夹具名称	使用设备	车间(班组)
工步号	工步内容		切削用量				刀 具		量 具	
			V(m/min)	n(r/min)	F(mm/min)	a_p(mm)	编号	名称	编号	名称
1										
2										
3										
4										
5										
6										
7										
8										
9										
10										
11										
12										
编制		审核		批准			共 页		第 页	

数控加工刀具卡

产品名称或代号		零件名称		零件图号		
序号	刀具号	刀具规格名称	刀具参数		刀补地址	
			刀尖半径	刀杆规格	半 径	形 状
1						
2						
3						
4						
5						
6						
7						
8						
9						
10						
11						
12						
编制		审核		批准		共 页 第 页

数控加工程序卡

零件图号		零件名称		编制日期	
程 序 号		数控系统		编 制	
程序内容			程序说明		

评价表 2-3

任务的考核方式以考核评价方式与标准为依据,分为自我评价、小组成员互相评价、教师评价三部分,其中自我评价占总成绩的 10%,小组成员互相评价占总成绩的 10%,教师评价占总成绩的 80%。每个任务总成绩评定等于三项成绩加权值。

任务 2:DLSKCG-02 零件加工

评 分 表

学习领域名称			日　期	
姓　名		工 位 号		
开工时间		设备型号		
序　号	项目名称		配　分	得　分	备　注
1	机床运行		10		
2	程序编制及安全事项		15		
3	程序编制及安全事项零件加工		75		
合　计			100		

机床运行评分表

	项　目	考核内容	配　分	实际表现	得　分
1		接通机床及系统电源	1		
2		加工速度的调整	1		
3		工件的正确安装	1		
4		工件坐标系的确定	1		
5	机床运行	刀具参数的设定	1		
6		编程界面的进入	1		
7		程序的输入与修改	1		
8		程序的仿真运行	1		
9		机床超程解除	1		
10		系统诊断问题的排除	1		
合计			10		

程序编制及安全文明生产评分表

	项　目	考核内容	配　分	实际表现	得　分
1		指令正确,程序完整	1		
2		刀具半径补偿功能运用准确	1		
3		数值计算正确	1		
4		程序编制合理	1		
5	程序编制	劳保护具的佩戴	2		
6	及安全文	刀具工具量具的放置	1		
7	明生产	刀具安装规范	1		
8		量具的正确使用	1		
9		设备卫生及保养	2		
10		团队协作	2		
11		学习态度	2		
合计			15		

零件加工评分表

项目		考核内容		配分	评分标准	检测结果	得分
件一	外圆	$\phi 48_{-0.025}^{0}$	IT	4	超差 0.01 扣 2 分		
			Ra	2	降一级扣 1 分		
		$\phi 36 \pm 0.012$	IT	4	超差 0.01 扣 2 分		
			Ra	2	降一级扣 1 分		
		$\phi 32.7$	IT	1	超差不得分		
		$\phi 26$	IT	1	超差不得分		
	内孔	$\phi 24_{0}^{+0.033}$	IT	4	超差 0.01 扣 2 分		
			Ra	2	降一级扣 1 分		
	外螺纹	M30×2-6g	IT	3	通止规检查不合格不得分		
			Ra	1	降级不得分		
	外圆锥	1:5	IT	2	不合格不得分		
			Ra	1	降级不得分		
	圆弧	SR10±0.03	IT	4	超差不得分		
			Ra	2	降级不得分		
		R6	IT	1	·不合格不得分		
			Ra	1	降级不得分		
		R2	IT	1	不合格不得分		
	长度	84±0.05	IT	2	超差不得分		
		20±0.02	IT	2	超差不得分		
		51.5	IT	1	超差不得分		
		22.5	IT	1	超差不得分		
		20	IT	1	超差不得分		
		8.5	IT	1	超差不得分		
		5	IT	1	超差不得分		
件二	外圆	$\phi 48_{-0.025}^{0}$	IT	4	超差 0.01 扣 2 分		
			Ra	2	降一级扣 1 分		
	内孔	$\phi 32.6$	IT	1	超差不得分		
	内螺纹	M30×2-6H	IT	3	通止规检查不合格不得分		
			Ra	1	降级不得分		
	内圆锥	1:5	IT	2	不合格不得分		
			Ra	1	降级不得分		
	长度	46±0.05	IT	1	超差不得分		
		23	IT	1	超差不得分		
其他		C1	IT	1	不合格不得分		
		C1.5	IT	2.5	不合格不得分		
		未注倒角	IT	0.5	不合格不得分		
配合		件一与件二螺纹配合		10	不能配合不得分		
合计		总配分		75	总得分		

任务3：DLSKCG-03零件加工

任务单3-1

适用专业：数控加工专业		适用年级：二年级		
任务名称：加工高级工鉴定件		任务编号：DLSKCG-003		难度系数：较难
姓名：	班级：	日期：		实训室：

一、任务描述

  1. 看懂零件图纸。见图2-40 DLSKCG-003零件图。

  2. 根据零件图编制该零件的加工工艺安排。

  3. 根据零件图选择加工零件所用的刀具，并填写数控加工刀具表。

  4. 选择合理的切削用量。

  5. 编写加工零件的加工程序，并填写加工程序单。

  6. 在数控车床上独立完成零件的加工。

  7. 对加工好的零件进行检测。

二、相关资料及资源

  相关资料：

  1. 教材《数控车加工技术与操作》。

  2. FANUC数控系统操作手册。

  3. 教学课件。

  相关资源：

  1. 数控车床及附件。

  2. 机关的量具（游标卡尺、千分尺、螺纹环规。内径千分尺、螺纹塞规等）。

  3. 机关刀具（93°正偏刀、5 mm宽切槽刀、外螺纹车刀、内孔车刀、内螺纹车刀）。

  4. $\phi 50 \times 150$的45钢棒料。

  5. 教学课件。

  6. 引导文3-2、评价表3-3。

  7. 计算机及仿真软件。

三、任务实施说明

  1. 学生分组，每小组＿＿＿人。

  2. 小组进行任务分析，共同讨论，编制零件的加工工艺安排。

  3. 选择加工零件所用的刀具，并填写数控加工刀具表。

  4. 共同编写零件的加工程序，并填写加工程序单。

  5. 用电脑仿真软件模拟加工零件，检验加工程序的正确性。

  6. 现场教学，了解数控车床的结构，掌握数控机床安全操作规程、安全文明生产，了解数控机床的日常维护和保养，掌握数控车床的操作及操作的注意事项。

  7. 小组成员独立操作数控车床加工零件，并进行测量。

  8. 小组合作，制作ppt，进行讲解演练，小组成员补充优化。

  9. 角色扮演，分小组进行讲解演示。

  10. 完成引导文3-2相关内容。

四、任务实施注意点

  1. 必须阅读《数控车床使用说明书》和教材，熟悉其操作规程。

  2. 操作数控车床时应确保安全，包括人身和设备的安全。

  3. 禁止多人同时操作一台数控车床。

  4. 遇到问题时小组进行讨论，可让老师参与讨论，通过团队合作获取问题的解决。

  5. 注意成本意识的培养。

续上表

五、知识拓展

1. 通过查找资料等方式,了解数控加工零件配合精度有哪些要求。

2. 数控加工刀具几何参数的选择。

3. 工件坐标系的概念。

任务分配表:

姓　　名	内　　容	完成时间

任务执行人:

姓名 ＼ 评价	自评(10%)	互评(10%)	教师对个人的评价 (80%)	备　　注

日期:　　年 月 日

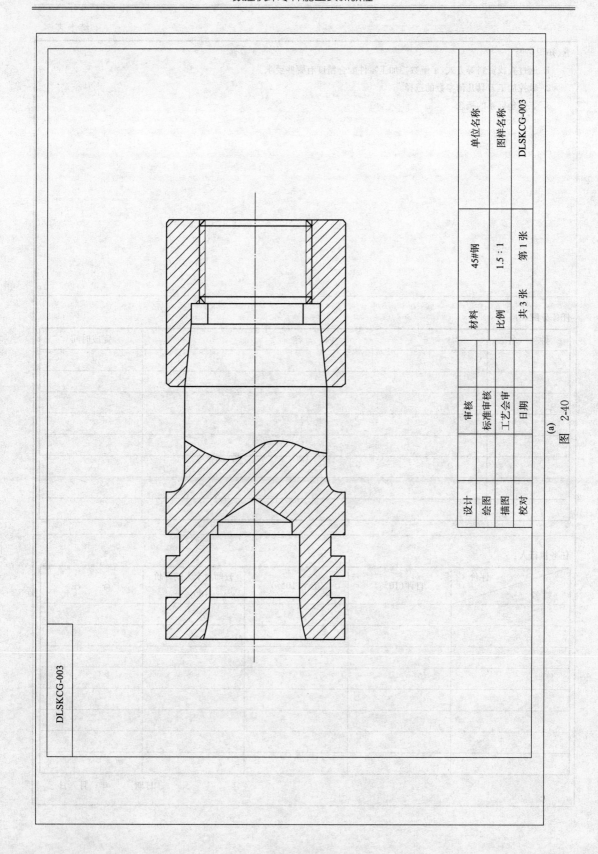

	单位名称		
	图样名称		DLSKCG-003
材料	45#钢		
比例	1.5∶1		
共 3 张	第 1 张		
设计		审核	
绘图		标准审核	
描图		工艺会审	
校对		日期	

图 2-40 (a)

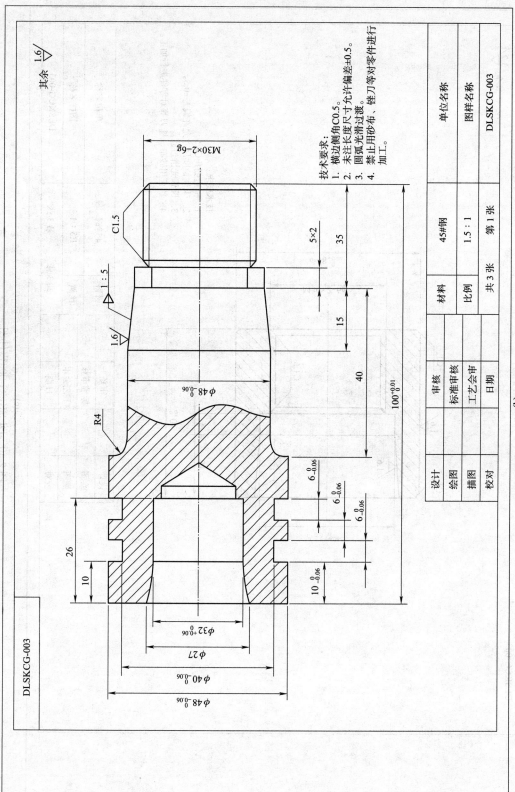

图 2-40

技术要求：
1. 横边侧角C0.5。
2. 未注长度尺寸允许偏差±0.5。
3. 圆弧光滑过渡。
4. 禁止用砂布、锉刀等对零件进行加工。

其余 $\sqrt{1.6}$

单位名称		图样名称	
		DLSKCG-003	
材料	45#钢		
比例	1.5：1		
共 3 张	第 1 张		
审核		标准审核	
		工艺会审	
设计	绘图	描图	校对
		日期	

DLSKCG-003

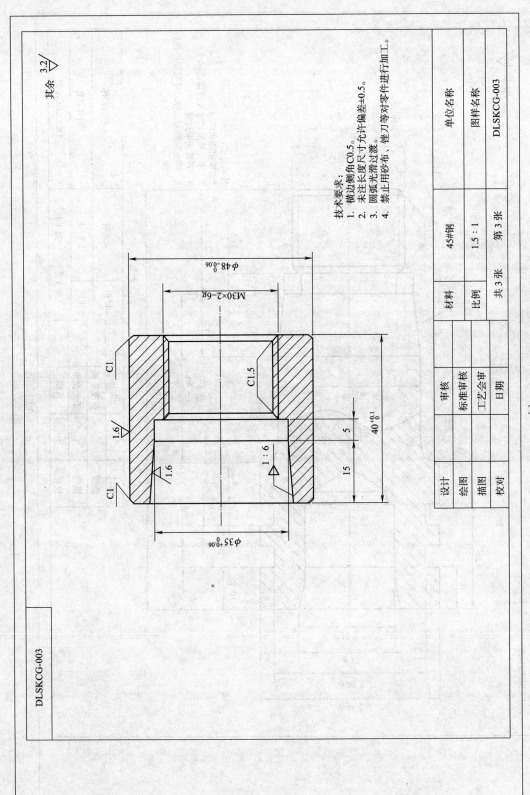

图 2-40 DLSKCG-003零件图

(c)

引导文 3-2

适用专业:数控加工专业		适用年级:三年级		
任务:DLSKCG-003 零件加工				
学习小组:	姓名:	班级:		日期:

一、明确任务目的

通过任务 3 的学习,要求学生能够做得到:

(1)根据零件图纸,合理地编制零件的加工工艺安排。

(2)合理选择加工该零件所用的刀具。填写数控加工刀具表。

(3)能够独立编制该零件的加工程序,并填写加工程序单。

(4)能够独立完成该零件的车削加工,并对零件进行检测。

(5)遵守数控车床的操作规程和 6S 管理。

(6)有效沟通及团队协作、自信。

二、引导问题

(1)安全文明生产包括哪些内容?

(2)数控车削加工对刀具材料有哪些要求?

(3)在数控车削中应用刀具半径补偿指令应注意哪些问题?

(4)通孔镗刀与不通孔镗刀有什么区别?

(5)外切槽刀的切削参数如何选择?

(6)在车削加工外沟槽时,通常选用什么样的车刀来加工?

三、引导任务实施

　　(1)根据任务单 3-1 给出的零件图,编制零件的加工工艺安排。

　　(2)根据零件的加工工艺安排选择刀具、量具,并填写刀具表。

　　(3)编写零件的加工程序需要哪些 G 指令、M 指令和其他指令。

　　(4)加工该零件应选择什么规格的毛坯?

　　(5)编写在数控车床上加工零件时出现了哪些问题? 怎样解决?

四、评价

根据本小组的学习评价表,相互评价,请给出小组成员的得分:

任务学习其他说明或建议:

指导老师评语:

任务完成人签字:	日期:　年　月　日
指导老师签字:	日期:　年　月　日

数控加工工序卡

工　序　卡							产品名称	零件名称	零件图号
工序号	程序编号	材　料	数　　量				夹具名称	使用设备	车间(班组)
工步号	工步内容		切削用量				刀　具		量　具
			V(m/min)	n(r/min)	F(mm/min)	a_p(mm)	编号	名称	编号	名称
1										
2										
3										
4										
5										
6										
7										
8										
9										
10										
11										
12										
编制		审核		批准			共　页		第　页

数控加工刀具卡

产品名称或代号		零件名称		零件图号	
序号	刀具号	刀具规格名称	刀具参数		刀补地址	
			刀尖半径	刀杆规格	半　径	形　状
1						
2						
3						
4						
5						
6						
7						
8						
9						
10						
11						
12						
编制		审核		批准		共　页　第　页

数控加工程序卡

零件图号		零件名称		编制日期	
程 序 号		数控系统		编　　制	
程序内容			程序说明		

评价表 3-3

　　任务的考核方式以考核评价方式与标准为依据,分为自我评价、小组成员互相评价、教师评价三部分,其中自我评价占总成绩的 10%,小组成员互相评价占总成绩的 10%,教师评价占总成绩的 80%。每个任务总成绩评定等于三项成绩加权值。

任务 3:DLSKCG-03 零件加工

评 分 表

学习领域名称				日　期	
姓　名		工 位 号			
开工时间		设备型号			
序　号	项目名称		配　分	得　分	备　注
1	机床运行		10		
2	程序编制及安全事项		15		
3	程序编制及安全事项零件加工		75		
合　计			100		

机床运行评分表

	项　目	考核内容	配　分	实际表现	得　分
1		接通机床及系统电源	1		
2		加工速度的调整	1		
3		工件的正确安装	1		
4		工件坐标系的确定	1		
5	机床运行	刀具参数的设定	1		
6		编程界面的进入	1		
7		程序的输入与修改	1		
8		程序的仿真运行	1		
9		机床超程解除	1		
10		系统诊断问题的排除	1		
合计			10		

程序编制及安全文明生产评分表

	项　目	考核内容	配　分	实际表现	得　分
1		指令正确,程序完整	1		
2		刀具半径补偿功能运用准确	1		
3		数值计算正确	1		
4		程序编制合理	1		
5	程序编制及安全文明生产	劳保护具的佩戴	2		
6		刀具工具量具的放置	1		
7		刀具安装规范	1		
8		量具的正确使用	1		
9		设备卫生及保养	2		
10		团队协作	2		
11		学习态度	2		
合计			15		

零件加工评分表

项目		考核内容		配分	评分标准	检测结果	得分
件一	外圆	$\phi48_{-0.025}^{0}$	IT	4	超差 0.01 扣 2 分		
			Ra	2	降一级扣 1 分		
		$\phi40_{-0.052}^{0}$	IT	2	超差不得分		
		$\phi38_{-0.025}^{0}$	IT	4	超差 0.01 扣 2 分		
			Ra	2	降一级扣 1 分		
	内孔	$\phi24_{0}^{+0.033}$	IT	3	超差 0.01 扣 1 分		
			Ra	2	降一级扣 1 分		
		$\phi27$	IT	1	超差不得分		
	外螺纹	M30×2—6g	IT	3	通止规检查不合格不得分		
			Ra	1	降级不得分		
	外圆锥	1:5	IT	3	不合格不得分		
			Ra	1	降一级扣 1 分		
	圆弧	R4	IT	2	超差不得分		
			Ra	1	降级不得分		
	长度	$100_{0}^{+0.1}$	IT	1	超差不得分		
		40	IT	1	超差不得分		
		25 两处	IT	2	超差不得分		
		15	IT	1	超差不得分		
		10(2 处)	IT	2	超差不得分		
		$5_{-0.05}^{0}$(3 处)	IT	3	超差不得分		
	退刀槽	5×2	IT	1	不合格不得分		
件二	外圆	$\phi48_{-0.025}^{0}$	IT	3	超差 0.01 扣 2 分		
			Ra	2	降一级扣 1 分		
	内孔	$\phi35_{0}^{+0.033}$	IT	3	超差 0.01 扣 1 分		
			Ra	1	降一级扣 1 分		
	内螺纹	M30×2—6H	IT	3	通止规检查不合格不得分		
	内圆锥	1:5	IT	2	不合格不得分		
			Ra	1	降一级扣 1 分		
	长度	$40_{0}^{+0.1}$	IT	1	超差不得分		
		15	IT	1	超差不得分		
		5	IT	1	超差不得分		
其他		C1	IT	1	不合格不得分		
		C1.5	IT	2	不合格不得分		
		未注倒角	IT	3	不合格不得分		
配合		件一与件二螺纹配合		10	不能配合不得分		
合计		总配分		75	总得分		

任务 4：DLSKCG-04 零件加工

任务单 4-1

适用专业：数控加工专业		适用年级：三年级	
任务名称：加工高级工鉴定件		任务编号：DLSKCG-004	难度系数：较难
姓名：	班级：	日期：	实训室：

一、任务描述

1. 看懂零件图纸。见图 2-41 DLSKCG-004 零件图。
2. 根据零件图编制该零件的加工工艺安排。
3. 根据零件图选择加工零件所用的刀具，并填写数控加工刀具表。
4. 选择合理的切削用量。
5. 编写加工零件的加工程序，并填写加工程序单。
6. 在数控车床上独立完成零件的加工。
7. 对加工好的零件进行检测。

二、相关资料及资源

相关资料：

1. 教材《数控车加工技术与操作》。
2. FANUC 数控系统操作手册。
3. 教学课件。

相关资源：

1. 数控车床及附件。
2. 机关的量具(游标卡尺、千分尺、螺纹环规。内径千分尺、螺纹塞规等)。
3. 机关刀具(93°正偏刀、5 mm 宽切槽刀、外螺纹车刀、内孔车刀、内螺纹车刀)。
4. $\phi50 \times 90$ 的 45 钢棒料。
5. 教学课件。
6. 引导文 4-2、评价表 4-3。
7. 计算机及仿真软件。

三、任务实施说明

1. 学生分组，每小组____人。
2. 小组进行任务分析，共同讨论，编制零件的加工工艺安排。
3. 选择加工零件所用的刀具，并填写数控加工刀具表。
4. 共同编写零件的加工程序，并填写加工程序单。
5. 用电脑仿真软件模拟加工零件，检验加工程序的正确性。
6. 现场教学，了解数控车床的结构，掌握数控机床安全操作规程、安全文明生产，了解数控机床的日常维护和保养，掌握数控车床的操作及操作的注意事项。
7. 小组成员独立操作数控车床加工零件，并进行测量。
8. 小组合作，制作 ppt，进行讲解演练，小组成员补充优化。
9. 角色扮演，分小组进行讲解演示。
10. 完成引导文 4-2 相关内容。

四、任务实施注意点

1. 必须阅读《数控车床使用说明书》和教材，熟悉其操作规程。
2. 操作数控车床时应确保安全，包括人身和设备的安全。
3. 禁止多人同时操作一台数控车床。
4. 遇到问题时小组进行讨论，可让老师参与讨论，通过团队合作获取问题的解决。
5. 注意成本意识的培养。

续上表

五、知识拓展

   1. 通过查找资料等方式，了解数控加工零件配合精度有哪些要求。

   2. 数控加工刀具几何参数的选择。

   3. 工件坐标系的概念。

任务分配表：

姓　　名	内　　容	完成时间

任务执行人：

姓名＼评价	自评(10%)	互评(10%)	教师对个人的评价(80%)	备　注

日期：　　年　月　日

DLSKCG-004

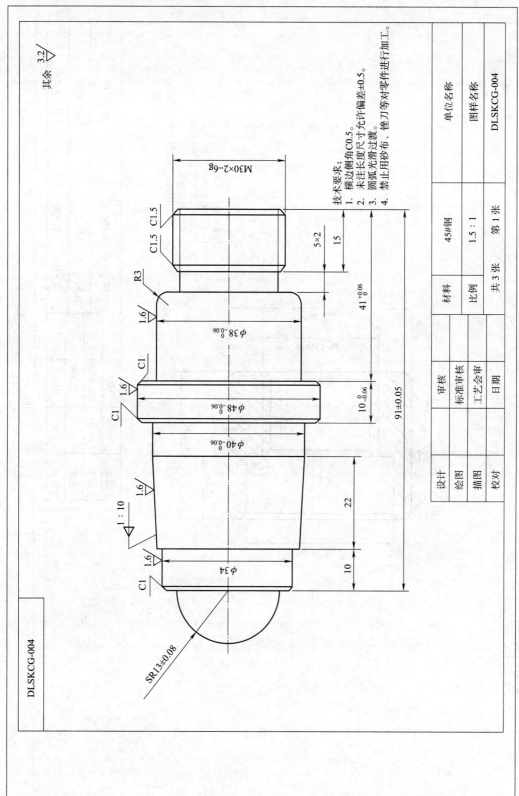

其余 3.2

技术要求:
1. 横边倒角C0.5。
2. 未注长度尺寸允许偏差±0.5。
3. 圆弧光滑过渡。
4. 禁止用砂布、锉刀等对零件进行加工。

M30×2-6g

C1.5 C1.5

C1.5

R3

1.6

C1

1.6

$\phi 38_{-0.06}^{0}$

$\phi 48_{-0.06}^{0}$

$\phi 40_{-0.06}^{0}$

$\phi 34$

5×2

15

$41_{0}^{+0.06}$

$10_{-0.06}^{0}$

91±0.05

22

10

1:10

1.6

1.6

C1

C1

SR13±0.08

设计				审核		单位名称	
绘图		材料	45#钢	标准审核		图样名称	
描图		比例	1.5:1	工艺会审			DLSKCG-004
校对		共 3 张	第 1 张	日期			

(a)

图 2-41

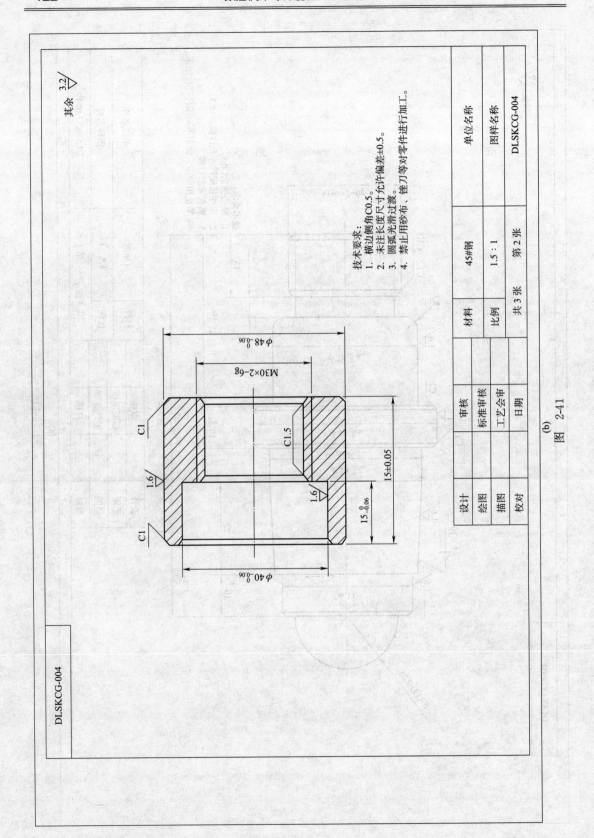

图 2-41 (b)

其余 $\sqrt{3.2}$

技术要求：
1. 横边侧角C0.5。
2. 未注长度尺寸允许偏差±0.5。
3. 圆弧光滑过渡。
4. 禁止用砂布、锉刀等对零件进行加工。

		单位名称	
		图样名称	
材料	45#钢		DLSKCG-004
比例	1.5：1		
共 3 张		第 2 张	

设计		审核	
绘图		标准审核	
描图		工艺会审	
校对		日期	

$\phi 48_{-0.06}^{0}$

M30×2-6g

C1

1.6

C1.5

15±0.05

15$_{-0.06}^{0}$

1.6

C1

$\phi 40_{-0.06}^{0}$

DLSKCG-004

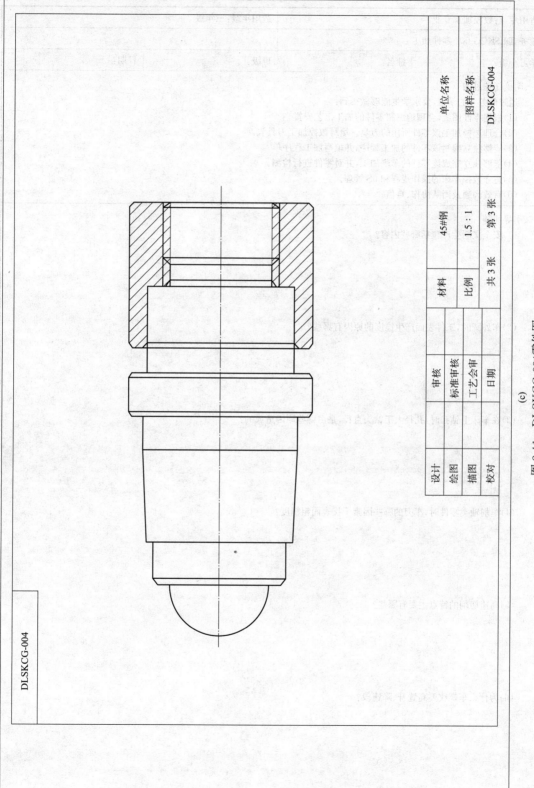

设计		审核		材料	45#钢	单位名称	
绘图		标准审核		比例	1.5∶1	图样名称	
描图		工艺会审		共3张	第3张	DLSKCG-004	
校对		日期					

(c)

图 2-41　DLSKCG-004零件图

DLSKCG-004

引导文 4-2

适用专业:数控加工专业		适用年级:三年级	
任务:DLSKCG-004 零件加工			
学习小组:	姓名:	班级:	日期:

一、明确任务目的

通过任务 4 的学习,要求学生能够做得到:

(1)根据零件图纸,合理地编制零件的加工工艺安排。

(2)合理选择加工该零件所用的刀具。填写数控加工刀具表。

(3)能够独立编制该零件的加工程序,并填写加工程序单。

(4)能够独立完成该零件的车削加工,并对零件进行检测。

(5)遵守数控车床的操作规程和 6S 管理。

(6)有效沟通及团队协作、自信。

二、引导问题

(1)安全文明生产包括哪些内容?

(2)车外圆时,工件表面产生锥度的原因有哪些?

(3)在车床上钻孔时,孔径大于钻头直径,是由哪些原因造成的?

(4)车削轴类零件时,车刀的哪些因素干扰表面粗糙度?

(5)高速切削的特点主要有哪些?

(6)为什么车螺纹要高置升、降速段?

三、引导任务实施

(1)根据任务单 4-1 给出的零件图,编制零件的加工工艺安排。

(2)根据零件的加工工艺安排选择刀具、量具,并填写刀具表。

(3)编写零件的加工程序需要哪些 G 指令、M 指令和其他指令。

(4)加工该零件应选择什么规格的毛坯?

(5)编写在数控车床上加工零件时出现了哪些问题? 怎样解决?

四、评价

根据本小组的学习评价表,相互评价,请给出小组成员的得分:

任务学习其他说明或建议:

指导老师评语:

任务完成人签字:　　　　　　　　　　　　　　　　　　日期:　　年　月　日

指导老师签字:　　　　　　　　　　　　　　　　　　　日期:　　年　月　日

数控加工工序卡

<table>
<tr><td colspan="5" rowspan="2">工 序 卡</td><td>产品名称</td><td>零件名称</td><td>零件图号</td></tr>
<tr><td></td><td></td><td></td></tr>
<tr><td>工序号</td><td>程序编号</td><td>材 料</td><td colspan="2">数 量</td><td>夹具名称</td><td>使用设备</td><td>车间(班组)</td></tr>
<tr><td></td><td></td><td></td><td colspan="2"></td><td></td><td></td><td></td></tr>
<tr><td rowspan="2">工步号</td><td rowspan="2" colspan="2">工步内容</td><td colspan="4" style="text-align:center">切削用量</td><td colspan="2">刀 具</td><td colspan="2">量 具</td></tr>
<tr><td>V(m/min)</td><td>n(r/min)</td><td>F(mm/min)</td><td>a_p(mm)</td><td>编号</td><td>名称</td><td>编号</td><td>名称</td></tr>
<tr><td>1</td><td colspan="2"></td><td></td><td></td><td></td><td></td><td></td><td></td><td></td><td></td></tr>
<tr><td>2</td><td colspan="2"></td><td></td><td></td><td></td><td></td><td></td><td></td><td></td><td></td></tr>
<tr><td>3</td><td colspan="2"></td><td></td><td></td><td></td><td></td><td></td><td></td><td></td><td></td></tr>
<tr><td>4</td><td colspan="2"></td><td></td><td></td><td></td><td></td><td></td><td></td><td></td><td></td></tr>
<tr><td>5</td><td colspan="2"></td><td></td><td></td><td></td><td></td><td></td><td></td><td></td><td></td></tr>
<tr><td>6</td><td colspan="2"></td><td></td><td></td><td></td><td></td><td></td><td></td><td></td><td></td></tr>
<tr><td>7</td><td colspan="2"></td><td></td><td></td><td></td><td></td><td></td><td></td><td></td><td></td></tr>
<tr><td>8</td><td colspan="2"></td><td></td><td></td><td></td><td></td><td></td><td></td><td></td><td></td></tr>
<tr><td>9</td><td colspan="2"></td><td></td><td></td><td></td><td></td><td></td><td></td><td></td><td></td></tr>
<tr><td>10</td><td colspan="2"></td><td></td><td></td><td></td><td></td><td></td><td></td><td></td><td></td></tr>
<tr><td>11</td><td colspan="2"></td><td></td><td></td><td></td><td></td><td></td><td></td><td></td><td></td></tr>
<tr><td>12</td><td colspan="2"></td><td></td><td></td><td></td><td></td><td></td><td></td><td></td><td></td></tr>
<tr><td>编制</td><td colspan="2"></td><td>审核</td><td></td><td colspan="2">批准</td><td></td><td colspan="2">共 页</td><td>第 页</td></tr>
</table>

数控加工刀具卡

<table>
<tr><td>产品名称或代号</td><td></td><td colspan="2">零件名称</td><td></td><td colspan="2">零件图号</td><td></td></tr>
<tr><td rowspan="2">序号</td><td rowspan="2">刀具号</td><td rowspan="2">刀具规格名称</td><td colspan="2">刀具参数</td><td colspan="2">刀补地址</td></tr>
<tr><td>刀尖半径</td><td>刀杆规格</td><td>半 径</td><td>形 状</td></tr>
<tr><td>1</td><td></td><td></td><td></td><td></td><td></td><td></td></tr>
<tr><td>2</td><td></td><td></td><td></td><td></td><td></td><td></td></tr>
<tr><td>3</td><td></td><td></td><td></td><td></td><td></td><td></td></tr>
<tr><td>4</td><td></td><td></td><td></td><td></td><td></td><td></td></tr>
<tr><td>5</td><td></td><td></td><td></td><td></td><td></td><td></td></tr>
<tr><td>6</td><td></td><td></td><td></td><td></td><td></td><td></td></tr>
<tr><td>7</td><td></td><td></td><td></td><td></td><td></td><td></td></tr>
<tr><td>8</td><td></td><td></td><td></td><td></td><td></td><td></td></tr>
<tr><td>9</td><td></td><td></td><td></td><td></td><td></td><td></td></tr>
<tr><td>10</td><td></td><td></td><td></td><td></td><td></td><td></td></tr>
<tr><td>11</td><td></td><td></td><td></td><td></td><td></td><td></td></tr>
<tr><td>12</td><td></td><td></td><td></td><td></td><td></td><td></td></tr>
<tr><td>编制</td><td></td><td>审核</td><td></td><td colspan="2">批准</td><td>共 页   第 页</td></tr>
</table>

数控加工程序卡

零件图号		零件名称		编制日期	
程 序 号		数控系统		编　制	
程序内容			程序说明		

评价表 4-3

　　任务的考核方式以考核评价方式与标准为依据,分为自我评价、小组成员互相评价、教师评价三部分,其中自我评价占总成绩的 10％,小组成员互相评价占总成绩的 10％,教师评价占总成绩的 80％。每个任务总成绩评定等于三项成绩加权值。

任务 4:DLSKCG-04 零件加工

评 分 表

学习领域名称			日　期	
姓　　名		工 位 号		
开工时间		设备型号		
序　号	项目名称	配　分	得　分	备　注
1	机床运行	10		
2	程序编制及安全事项	15		
3	程序编制及安全事项零件加工	75		
	合　　计	100		

机床运行评分表

	项　　目	考核内容	配　分	实际表现	得　　分
1		接通机床及系统电源	1		
2		加工速度的调整	1		
3		工件的正确安装	1		
4		工件坐标系的确定	1		
5	机床运行	刀具参数的设定	1		
6		编程界面的进入	1		
7		程序的输入与修改	1		
8		程序的仿真运行	1		
9		机床超程解除	1		
10		系统诊断问题的排除	1		
合计			10		

程序编制及安全文明生产评分表

	项　　目	考核内容	配　分	实际表现	得　　分
1		指令正确,程序完整	1		
2		刀具半径补偿功能运用准确	1		
3		数值计算正确	1		
4		程序编制合理	1		
5	程序编制及安全文明生产	劳保护具的佩戴	2		
6		刀具工具量具的放置	1		
7		刀具安装规范	1		
8		量具的正确使用	1		
9		设备卫生及保养	2		
10		团队协作	2		
11		学习态度	2		
合计			15		

零件加工评分表

	项目	考核内容		配分	评分标准	检测结果	得分
件一	外圆	$\phi 48_{-0.025}^{0}$	IT	4	超差 0.01 扣 2 分		
			Ra	2	降一级扣 1 分		
		$\phi 40_{-0.021}^{0}$	IT	4	超差 0.01 扣 2 分		
			Ra	2	降一级扣 1 分		
		$\phi 38_{-0.025}^{0}$	IT	4	超差 0.01 扣 2 分		
			Ra	2	降一级扣 1 分		
		$\phi 34$	IT	1	超差不得分		
			Ra	2	降一级扣 1 分		
	外螺纹	M30×2—6g	IT	3	通止规检查不合格不得分		
			Ra	1	降级不得分		
		15	IT	1	超差不得分		
	外圆锥	1：10	IT	3	不合格不得分		
			Ra	2	降级不得分		
	圆弧	SR13±0.03	IT	4	超差不得分		
			Ra	2	降级不得分		
		R3	IT	1	超差不得分		
	长度	91±0.05	IT	1	超差不得分		
		$41_{0}^{+0.05}$	IT	1	超差不得分		
		$10_{-0.05}^{0}$	IT	1	超差不得分		
		22	IT	0.5	超差不得分		
		10	IT	0.5	不合格不得分		
	退刀槽	5×2	IT	1	不合格不得分		
件二	外圆	$\phi 48_{-0.025}^{0}$	IT	4	超差 0.01 扣 2 分		
			Ra	2	降一级扣 1 分		
	内孔	$\phi 38_{0}^{+0.033}$	IT	4	超差 0.01 扣 2 分		
			Ra	2	降一级扣 1 分		
	内螺纹	M30×2—6H	IT	3	通止规检查不合格不得分		
			Ra	1	降级不得分		
	长度	35±0.05	IT	1	超差不得分		
		$15_{-0.05}^{0}$	IT	1	超差不得分		
其他		C1	IT	3	不合格不得分		
		C1.5	IT	2	不合格不得分		
配合		件一与件二螺纹配合		10	不能配合不得分		
合计		总配分		75	总得分		

任务 5：DLSKCG-05 零件加工

任务单 5-1

适用专业：数控加工专业		适用年级：三年级	
任务名称：加工高级工鉴定件		任务编号：DLSKCG-005	难度系数：较难
姓名：	班级：	日期：	实训室：

一、任务描述

　　1. 看懂零件图纸。见图 2-42 DLSKCG-005 零件图。

　　2. 根据零件图编制该零件的加工工艺安排。

　　3. 根据零件图选择加工零件所用的刀具，并填写数控加工刀具表。

　　4. 选择合理的切削用量。

　　5. 编写加工零件的加工程序，并填写加工程序单。

　　6. 在数控车床上独立完成零件的加工。

　　7. 对加工好的零件进行检测。

二、相关资料及资源

　　相关资料：

　　1. 教材《数控车加工技术与操作》。

　　2. FANUC 数控系统操作手册。

　　3. 教学课件。

　　相关资源：

　　1. 数控车床及附件。

　　2. 机关的量具(游标卡尺、千分尺、螺纹环规、内径千分尺、内螺纹塞规等)。

　　3. 机关刀具(93°正偏刀、5 mm 宽切槽刀、外螺纹车刀、内孔车刀、内螺纹车刀)。

　　4. $\phi 50 \times 150$ 的 45 钢棒料。

　　5. 教学课件。

　　6. 引导文 5-2、评价表 5-3。

　　7. 计算机及仿真软件。

三、任务实施说明

　　1. 学生分组，每小组____人。

　　2. 小组进行任务分析，共同讨论，编制零件的加工工艺安排。

　　3. 选择加工零件所用的刀具，并填写数控加工刀具表。

　　4. 共同编写零件的加工程序，并填写加工程序单。

　　5. 用电脑仿真软件模拟加工零件，检验加工程序的正确性。

　　6. 现场教学，了解数控车床的结构，掌握数控机床安全操作规程、安全文明生产，了解数控机床的日常维护和保养，掌握数控车床的操作及操作的注意事项。

　　7. 小组成员独立操作数控车床加工零件，并进行测量。

　　8. 小组合作，制作 ppt，进行讲解演练，小组成员补充优化。

　　9. 角色扮演，分小组进行讲解演示。

　　10. 完成引导文 5-2 相关内容。

四、任务实施注意点

　　1. 必须阅读《数控车床使用说明书》和教材，熟悉其操作规程。

　　2. 操作数控车床时应确保安全，包括人身和设备的安全。

　　3. 禁止多人同时操作一台数控车床。

　　4. 遇到问题时小组进行讨论，可让老师参与讨论，通过团队合作获取问题的解决。

　　5. 注意成本意识的培养。

五、知识拓展

　　1. 通过查找资料等方式,了解数控加工零件配合精度有哪些要求。

　　2. 数控加工刀具几何参数的选择。

　　3. 工件坐标系的概念。

任务分配表:

姓　名	内　容	完成时间

任务执行人:

姓名 评价	自评(10%)	互评(10%)	教师对个人的评价(80%)	备　注

日期: 年 月 日

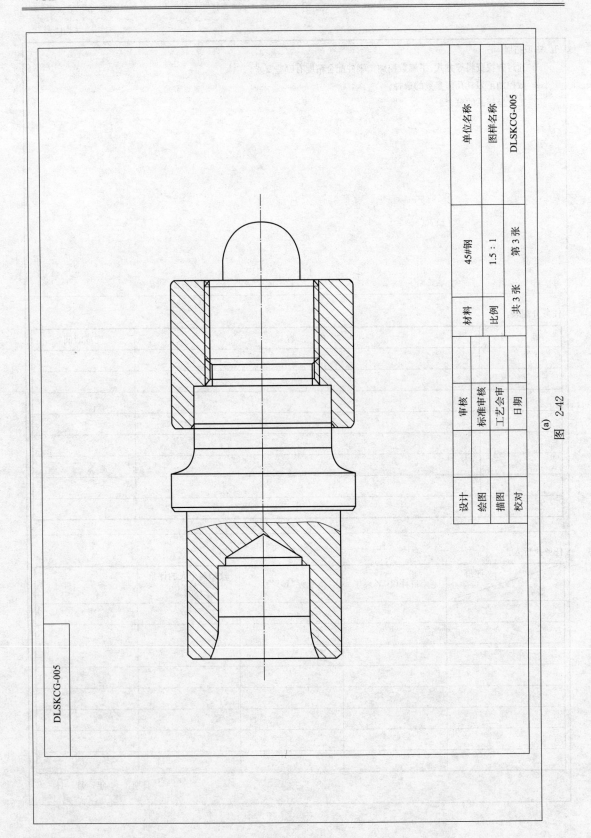

单位名称			图样名称	DLSKCG-005
45#钢			1.5：1	第 3 张
材料			比例	共 3 张
审核	标准审核	工艺会审	日期	
设计	绘图	描图	校对	

图 2-42（a）

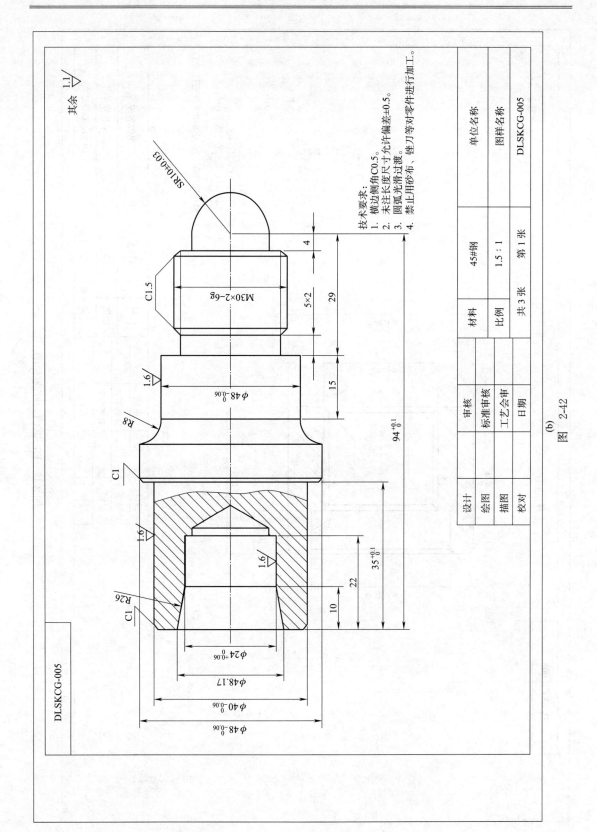

图 2-42 (b)

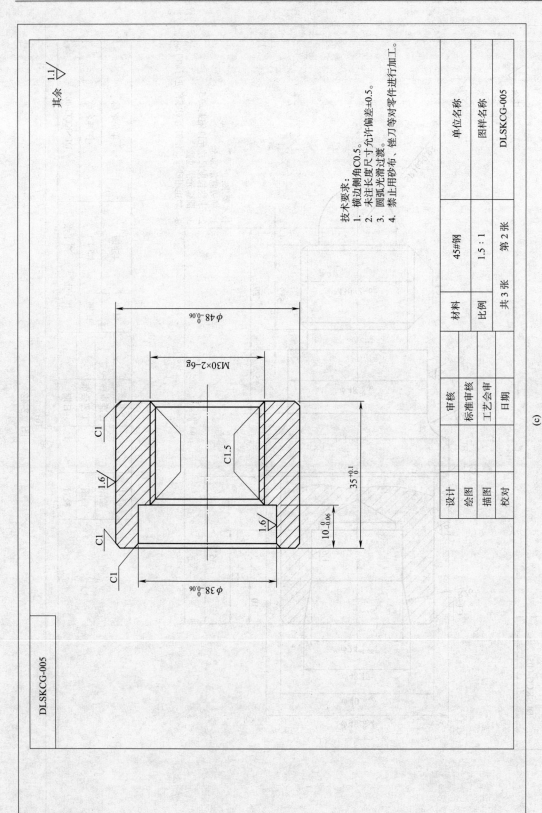

图 2-42 DLSKCG-005零件图

引导文 5-2

适用专业:数控加工专业		适用年级:三年级	
任务:DLSKCG-005 零件加工			
学习小组:	姓名:	班级:	日期:

一、明确任务目的

通过任务 5 的学习,要求学生能够做得到:

(1)根据零件图纸,合理地编制零件的加工工艺安排。

(2)合理选择加工该零件所用的刀具。填写数控加工刀具表。

(3)能够独立编制该零件的加工程序,并填写加工程序单。

(4)能够独立完成该零件的车削加工,并对零件进行检测。

(5)遵守数控车床的操作规程和 6S 管理。

(6)有效沟通及团队协作、自信。

二、引导问题

(1)安全文明生产包括哪些内容?

(2)在数控车削中,加入冷却液的作用是什么?

(3)M30×2 螺纹的底径是多少?

(4)在数控车床上加工零件时,Z 轴方向的尺寸怎样来保证?

(5)常用的测量长度方向的量具有哪些?

(6)在数控车床上车削螺纹时,乱扣的原因有哪些?

三、引导任务实施

　(1)根据任务单 5-1 给出的零件图,编制零件的加工工艺安排。

　(2)根据零件的加工工艺安排选择刀具、量具,并填写刀具表。

　(3)编写零件的加工程序需要哪些 G 指令、M 指令和其他指令。

　(4)加工该零件应选择什么规格的毛坯?

　(5)编写在数控车床上加工零件时出现了哪些问题? 怎样解决?

四、评价

根据本小组的学习评价表,相互评价,请给出小组成员的得分:

任务学习其他说明或建议:

指导老师评语:

任务完成人签字:　　　　　　　　　　　　　　　　　　　日期:　　年　月　日

指导老师签字:　　　　　　　　　　　　　　　　　　　　日期:　　年　月　日

数控加工工序卡

工 序 卡							产品名称	零件名称	零件图号
工序号	程序编号	材料		数量			夹具名称	使用设备	车间(班组)
工步号	工步内容		切削用量				刀 具		量 具
			V(m/min)	n(r/min)	F(mm/min)	a_{p}(mm)	编号	名称	编号	名称
1										
2										
3										
4										
5										
6										
7										
8										
9										
10										
11										
12										
编制		审核		批准			共 页		第 页

数控加工刀具卡

产品名称或代号			零件名称			零件图号		
序号	刀具号	刀具规格名称		刀具参数			刀补地址	
				刀尖半径	刀杆规格	半 径	形 状	
1								
2								
3								
4								
5								
6								
7								
8								
9								
10								
11								
12								
编制		审核		批准		共 页	第 页	

数控加工程序卡

零件图号		零件名称		编制日期	
程 序 号		数控系统		编　　制	
程序内容				程序说明	

评价表 5-3

任务的考核方式以考核评价方式与标准为依据,分为自我评价、小组成员互相评价、教师评价三部分,其中自我评价占总成绩的 10%,小组成员互相评价占总成绩的 10%,教师评价占总成绩的 80%。每个任务总成绩评定等于三项成绩加权值。

任务 5:DLSKCZ-05 零件加工

评 分 表

学习领域名称			日 期	
姓 名		工 位 号		
开工时间		设备型号		
序 号	项目名称		配 分	得 分	备 注
1	机床运行		10		
2	程序编制及安全事项		15		
3	程序编制及安全事项零件加工		75		
合 计			100		

机床运行评分表

项 目		考核内容	配 分	实际表现	得 分
1		接通机床及系统电源	1		
2		加工速度的调整	1		
3		工件的正确安装	1		
4		工件坐标系的确定	1		
5	机床运行	刀具参数的设定	1		
6		编程界面的进入	1		
7		程序的输入与修改	1		
8		程序的仿真运行	1		
9		机床超程解除	1		
10		系统诊断问题的排除	1		
合计			10		

程序编制及安全文明生产评分表

项 目		考核内容	配 分	实际表现	得 分
1		指令正确,程序完整	1		
2		刀具半径补偿功能运用准确	1		
3		数值计算正确	1		
4		程序编制合理	1		
5	程序编制	劳保护具的佩戴	2		
6	及安全文	刀具工具量具的放置	1		
7	明生产	刀具安装规范	1		
8		量具的正确使用	1		
9		设备卫生及保养	2		
10		团队协作	2		
11		学习态度	2		
合计			15		

零件加工评分表

项目		考核内容		配分	评分标准	检测结果	得分
件一	外圆	$\phi 48_{-0.025}^{0}$	IT	4	超差 0.01 扣 2 分		
			Ra	2	降一级扣 1 分		
		$\phi 40_{-0.025}^{0}$	IT	4	超差 0.01 扣 2 分		
			Ra	2	降一级扣 1 分		
		$\phi 36_{-0.025}^{0}$	IT	4	超差 0.01 扣 2 分		
			Ra	2	降一级扣 1 分		
	内孔	$\phi 24_{0}^{+0.033}$	IT	3	超差 0.01 扣 1 分		
			Ra	2	降一级扣 1 分		
		$\phi 28.17$	IT	1	超差不得分		
	外螺纹	M30×2−6 g	IT	3	通止规检查不合格不得分		
			Ra	1	降级不得分		
	圆弧	SR10±0.03	IT	4	超差不得分		
			Ra	2	降级不得分		
		R25	IT	2	不合格不得分		
			Ra	1	降级不得分		
		R6	IT	1	不合格不得分		
			Ra	1	降级不得分		
	长度	$94_{0}^{+0.1}$	IT	1	超差不得分		
		$35_{0}^{+0.1}$	IT	1	超差不得分		
		29	IT	0.5	超差不得分		
		22	IT	0.5	超差不得分		
		15	IT	0.5	超差不得分		
		10	IT	0.5	超差不得分		
		4	IT	0.5	超差不得分		
	退刀槽	5×2	IT	1	不合格不得分		
件二	外圆	$\phi 48_{-0.025}^{0}$	IT	4	超差 0.01 扣 2 分		
			Ra	2	降一级扣 1 分		
	内孔	$\phi 36_{0}^{+0.033}$	IT	3	超差 0.01 扣 1 分		
			Ra	1	降一级扣 1 分		
	内螺纹	M30×2−6H	IT	3	通止规检查不合格不得分		
	长度	$35_{0}^{+0.1}$	IT	1	超差不得分		
		$10_{-0.05}^{0}$	IT	1	超差不得分		
其他		C1	IT	2.5	不合格不得分		
		C1.5	IT	2	不合格不得分		
		未注倒角	IT	1	不合格不得分		
配合		件一与件二螺纹配合		10	不能配合不得分		
合计		总配分		75	总得分		

项目三　技　师　篇

学习相关知识

随着现代化工业的飞速发展，虽然数控车床在普通车床的基础上发展起来，但与普通车床相比，其加工效率和加工精度更高，可加工的零件形状更加复杂，加工工件的一致性更好，这是由于数控车床是根据加工程序的指令要求自动进行，加工过程中无须人为干预。因此，在整个加工过程中要将全部工艺过程及工艺参数等编制成数控加工程序，这样程序编制前的工艺分析、工艺处理、工艺装备的选用等工作就显得尤为重要。

（一）数控车削加工工艺概述

1. 数控车削加工工艺的基本特点

在数控车床上加工零件，首先应该满足所加工零件要符合数控车削的加工工艺特点，另外要考虑到数控加工本身的特点和零件编程的要求、加工零件的范围、表面形状的复杂程度、夹具的配置、工艺参数及切削方法的合理选择等。数控工工艺基本特点如下。

（1）编程前加工方案合理、设计周全

要充分发挥数控车床加工的自动化程度高、精度高、质量稳定、效率高的特点，除了选择适合在数控车床上加工的零件以外，还必须在编程前正确地选择最合理、最经济、最完善、最周全的工艺加工方案。

数控车床加工零件时，工序必须集中，即在一次装夹中尽可能完成所有的工序，为此在进行工序划分时，应采用"刀具集中、先内后外、先粗后精"的原则，即将零件上用同一把刀具将加工的部位全部加工完成后，再换另一把刀具来加工，先对零件内腔加工后再外轮廓加工，确定好加工路线以减少走刀、换刀次数，缩短空走刀路线行程，减少不必要的定位误差，先粗加工后精加工，以提高零件的加工精度和表而粗糙度。

（2）加工工艺规程规范、内容明确

为了充分发挥数控车床的高效性，除选择适合的加工工件和必须掌握的机床特性外，在零件的加工部位、加工顺序、刀具配置与使用顺序、刀具轨迹、切削参数等方面都要比普通车床加工工艺中的工序内容更详细具体。加工工艺必须规范、明确，要详细到每一步走刀路线和每一个操作细节，然后由编程人员在编程时预先确定，并写入工艺文件。

（3）加工工艺制订准确、设计严密

数控车床加工过程是自动连续进行的，不像普通车床那样在操作过程中出砚问题随时调整具有一定的灵活性。因此在数控编程过程中，对零件图进行数学计算，要求准确无误，否则，可能会出现重大的机械事故、质量事故甚至人身伤害等。因此要求编程人员除了具有丰富的工艺知识和实际经验外，还应具有细致、耐心、严谨的工作作风。

（4）复杂曲面零件加工、精度高

数控车削加工可以加工出复杂的零件表面、特殊表面或有特殊要求的曲面，并且加工质量、加工精度及加工效率高,在零件的一次装夹中可以完成多个表面的多种加工,从而缩短了加工工艺路线,这是普通车床无法比拟的。

(5)加工工艺先进、装备精良

数控车床与普通车床相比不仅功率高、刚度高,而且数控加工中广泛采用先进的数控刀具、组合夹具等先进的工艺装备,以满足加工中的高质量、高效率和高柔性的要求。

2. 确定车削加工工艺内容

数控车削加工工艺是预先在所编制的程序中体现,由机床自动实现。因此合理的车削加工工艺内容对提高数控车床的加工效率和加工精度至关重要。

(1)确定工序内容时,首先应选择合适在数控车床上加工的零件。

(2)分析加工零件的图样,明确加工内容及技术要求,确定加工方案,制订数控加工路线,如工序的划分、加工顺序的安排、零件与非数控加工工序的衔接等。设计数控加工工序,如工序的划分、刀具的选择、夹具的定位与安装、切削用量的确定、走刀路线的确定等。

(3)调整数控加工工序的程序,如对刀点、换刀点的选择、刀具的补偿等。

(4)分配数控加工工序的公差,保证零件加工后尺寸的合格。

(5)处理数控机床上部分工艺指令。

(6)填写数控加工工艺文件及后续的文件整理。

当确定某个零件要进行车削加工后,可选择其中的一部分进行数控车削加工,所以必须对零件图样进行仔细的分析,确定哪些工序最适合在数控机床上加工。

3. 数控车削加工工艺性分析

数控车削加工的前期工艺准备工作是加工工艺分析。工艺制订得合理与否,对程序编制、工艺参数的选取、车床的加工效率和零件的加工精度都有重要影响,因此编程前应遵循工艺制订原则并结合数控车床的特点,详细地进行加工工艺分析,从而制订好加工工艺。对数控车削零件进行加工工艺分析主要要考虑以下几个方面。

(1)对零件图进行工艺性分析

在数控加工零件图上,应以同一基准引注尺寸或直接标注尺寸,这种标注方法既便于编程,又有利于基准统一,保持了设计基准、工艺基准、测量基准与工件原点设置的一致性。一些零件设计人员在尺寸标注上一般较多地考虑装配及使用等特性,而采用一些局部分散的标注方法,这样就给工序安排和数控加工带来诸多不便。由于数控机床加工精度和重复定位精度都很高,不会产生较大的累积误差而破坏零件的使用特性,因此,可将局部的分散标注改为同一基准标注或直接给出坐标尺寸的标注法。

(2)对零件图的完整性与正确性进行分析

手工编程时,要依据计算构成零件轮廓的每一个基点的坐标,即构成零件轮廓的几何元素(点、线、面)及其之间的相互转换(如相切、相交、垂直和平行等)都是数控编程中数值计算的主要条件。

自动编程时,要对构成零件轮廓的所有几何元素进行定义,无论哪一条件不明确,编程都无法正常进行。因此在分析零件图时,必须分析几何元素的给定条件是否充分。

(3)对零件结构工艺性进行分析

零件的结构工艺性是指在满足使用要求的前提下,零件加工的可行性和经济性,即所设计的零件结构应便于加工成形,且成本低、效率高。

1)零件的内腔与外形应尽量采用统一的几何类型和尺寸。例如,同一销轴零件上出现两个不同直径的螺纹,在可能满足要求的前提下,采用同一尺寸螺距,以避免使用两把螺纹刀。

2)内孔退刀槽与外圆退刀槽不宜过窄。使用的切刀刀宽不能过窄,否则切削力过小,易打碎,甚至无法切削。所以在设计时刀槽一般以不小于 3 mm 为宜。

3)定位基准的选择。数控加工尤其强调定位加工,如一个零件需两端加工,其工艺基准的统一十分重要,否则很难保证两次安装加工后两个面上的轮廓位置及尺寸的协调。如果零件上没有合适的基准,可以考虑在零件上增设工艺台或工艺孔,在加工零件完成以后再将其去掉。

(4)对零件的技术要求进行分析

零件的技术要求、给定的形状和位置公差是保证零件精度的重要依据。加工时要按照其要求,确定零件工艺基准(定位基准和测量基准),以便有效地控制零件的形状和位代精度。表面粗糙度是保证零件表面微观精度的重要要求,也是合理选择数控车床、刀具及确定切削用量的依据。对于粗糙度要求较高且零件直径尺寸变化较大的表面,应确定恒线速切削,如车削不能满足要求,应留加工余量,利用磨削加工。材料与热处理是选择刀具、数控车床型号、确定切削用量的依据。这些要求在保证零件使用性能的前提下,应经济合理。过高的精度和表面粗糙度要求,会使工艺过程复杂、加工困难、成本提高。

另外,零件加工数量的多少,影响工件的装夹与定位、刀具的选择、工序的安排以及走刀线路的确定。例如,单件产品的加工,粗精加工使用同一把刀具,而批量生产粗精加工各用一把刀具;单件生产时需要调头零件也只用一台数控车床,而批量生产为提高效率,选用两台数控车床加工。

(5)对零件加工工序进行划分

根据数控加工的特点以及零件的结构与工艺性、机床的功能、零件数控加工内容的多少、安装的次数等进行综合考虑。

1)根据安装次数划分。例如加工外形时,以内腔夹紧;加工内腔时,以外形夹紧。

2)根据所用的刀具划分工序。例如,在加工时尽量使用同一把刀将零件所以的加工部位加工出来,以便减少换刀次数,缩短刀具的移动距离。特别是加工时使用的刀具数量超过数控车床的刀位数时,由于刀具的重新装卸和对刀,将造成零件加工时间的延长,同时因为重新对刀可能导致零件精度的下降甚至零件的报废。

3)根据粗、精加工划分工序。对于易变形的零件,考虑到工件加工精度、变形等因素,可按粗、精加工分开的原则来划分,即先粗后精。粗加工的那部分工艺过程为第一道工序,精加工的那部分工艺过程为第二道工序。

4)按加工部位划分。以完成相同型面的那部分工艺为第一道工序。有些零件加工表面多而复杂,构成零件轮廓的表面结构差异大,可按照其结构特点划分多道工序。

总之,工序的划分要根据零件的结构要求、零件的安装方式、零件的加工工艺性、数控机床的性能以及加工的实际情况等因素灵活掌握,力求合理。

4. 数控车削加工工艺路线的拟订

数控车削加工工艺路线的拟订与普通车削加工工艺路线的拟订主要区别在于它不是指从毛坯到产品的整个工艺过程,而是仅几道数控加工工序过程的具体描述。由于数控加工工序一般均穿插于零件加工的整个工艺过程中间,因此要注意它与普通加工工艺的链接。

　　拟订数控车削加工路线的主要内容包括：选择各表面的加工方法、划分加工阶段、划分工序、安排工序的先后顺序、确定走刀路线及切削用量等。

　　(1)加工工序的划分

　　根据数控车床加工零件的特点，应按工序集中的原则划分工序，即在一次装夹下尽可能完成大部分甚至全部表面的加工。

　　1)以一次装夹加工作为一道工序。这种方法适合于加工内容不多的零件。

　　2)以同一把刀具加工的内容划分工序。对于有些工件，虽然能在一次装夹中加工出很多待加工表面，但考虑到程序太长，会受到某些连续工作制的限制、系统检索困难等因素的限制，因此可将一个程序中一把刀具加工的内容划分为一道工序。

　　3)以加工部位划分工序。对于加工内容很多的工件，可按其结构特点将加工部位分成几个部分，划分几道工序。

　　4)以装夹次数划分工序。以每一次装夹完成的那部分工艺过程作为一道工序，这种划分适合于加工内容不多的零件。

　　5)以粗、精加工划分工序。为了保证切削加工质量、延长刀具的使用寿命，工件的加工余量往往不是一次切除，而是逐渐减少背吃刀量切除，尤其对于易发生加工变形的零件，由于粗加工后可能发生变形而需要校形，因此，一般来说凡要进行粗、精加工的零件都要将工序分开。

　　(2)加工顺序的确定

　　在数控车床加工过程中，由于加工对象复杂多样，特别是轮廓曲线的形状及位置千变万化，加上材料不同、批量不同等多方面因素的影响，再结合零件的结构与毛坯状况、定位安装与夹紧的需要来综合考虑，重点是保证零件的刚度不被破坏，尽量减少变形。只有这样，才能使所制定的加工顺序合理，从而达到质量优、效率高和成本低的目的。制订零件车削加工顺序一般遵循下列原则：

　　1)先粗后精原则。为了提高生产效率并保证零件的精加工质量，在切削加工过程中，应先安排粗加工工序，在较短的时间内，将精加工前大量的加工余量去掉，同时尽量满足精加工的余量均匀性要求。当粗加工后所留余量的均匀性满足不了精加工要求时，应安排半精加工作为过渡性工序，以便使精加工余量小而均匀。精加工时，零件的最终轮廓应连续加工完成，如图3-1所示。

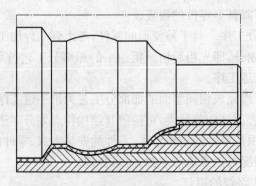

图 3-1　零件的顺序粗、精加工车削

　　先利用复合循环指令将整个零件的大部分余量粗车切除，再将表面精车一遍，以此来保证零件的加工精度和表面粗糙度的要求。

2)内外交替原则。对于既有内型腔又有外表面加工的回转类零件,如果零件壁较厚,刚性相对较好,可以按照先粗后精的加工顺序进行加工;如果零件壁较薄,也就是薄壁零件,为了防止零件变形、保证零件尺寸精度,则应先进行内外表面粗加工,后进行内外表面精加工。切不可再加工其他表面(内表面和外表面)。

3)先近后远原则。这里的远与近,是指按加工部位相对于起刀点的距离大小而言。

一般情况下,特别是在粗加工时,通常安排离对刀点近的部位先加工,离起刀点远的部位后加工,以便缩短刀具移动距离,减少空行程时间。对于车削加工而言,先近后远有利于保证坯件或半成品的刚性,改善切削条件。

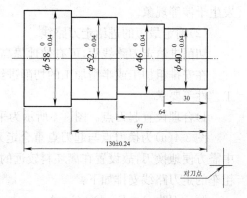

例如,当加工图 3-2 所示的零件时,如果按 $\phi58\rightarrow$ $\phi52\rightarrow\phi46\rightarrow\phi40$ 的次序安排车削,不仅会增加刀具返回对刀点所需的空行程时间,而且还会削弱工件的刚性,还可能使台阶的外直角处产生毛刺,对这类直径相差不大的台阶轴,应按 $\phi40\rightarrow\phi46\rightarrow\phi52\rightarrow\phi58$ 的次序先近后远地安排车削。

（3）先内后外原则。即先以外圆定位加工内孔,再以内孔定位加工外圆,这样可以保证高的同轴度要求,并且使用的夹具简单。

（4）基面先行原则。用做精基准的表面应优先加工出来,因为定位基准的表面越精确,装夹误差就越

图 3-2　先近后远示例

小。例如,数控车削零件先将中心孔加工出来,再以中心孔定位精加工外圆。

（5）保证工件刚度原则。在零件有多处需要加工时,应先加工对零件刚性破坏较小的部位,以保证零件的刚度要求。因此应该先加工与装夹部位距离较远和后续加工中不受力或受力较小的部位。

数控车削加工工艺路线的拟订是下一步工序设计的基础,设计质量将直接影响零件的加工质量与效率。设计工艺路线时应对毛坯图、零件图详细分析并结合数控加工的特点,把数控加工工艺设计得更加合理。

（二）数控车削加工工序的设计

数控加工工序的设计的主要任务是进一步将加工内容、刀具运动的轨迹及进给路线、工件的定位、夹紧方式、切削用量、工艺装备等确定下来,为编制加工程序做好准备。

1. 刀具进给路线的确定

刀具刀位点相对于工件的运动轨迹和方向称为进给路线,即刀具从起刀点开始,直至加工结束所经过的路径,包括切削加工的路径,刀具切入、切出等空行程。

在数控加工工艺过程中,刀具时刻在数控系统的控制下,因而每一时刻都应该有明确的运动轨迹及位置。走刀路线是编写程序的依据,因此在确定进给路线时,应画工序简图,以便于程序的编写,工步的划分与安排一般可随进给路线来进行。进给路线的确定首先必须保证被加工零件的尺寸精度和表面质量,其次考虑简化数值计算、缩短走刀路线、提高效率等因素。因精加工的进给路线基本上都是沿其零件轮廓顺序进行的,因此确定进给路线的工作重点是确定粗加工及空行程的进给路线。下面将具体分析。

（1）刀具的切入、切出走到路线

在数控机床上进行加工时，要安排好刀具的切入、切出路线，尽量使刀具沿轮廓的切线方向切入、切出，如图 3-3 所示。在车螺纹时，必须设置升速段 L_1 和降速段 L_2，这样可避免因车刀升降速而影响螺距的稳定性，防止车出不完全螺纹。一般情况 L_1 取 2～5 mm，L_2 取 1 mm，但当退刀槽比较窄时，取值要考虑螺纹退刀时螺纹刀是否和工件退刀槽发生干涉。当使用顶尖车削螺纹时，L_1 的取值也要考虑螺纹车刀是否与顶尖发生干涉等现象。

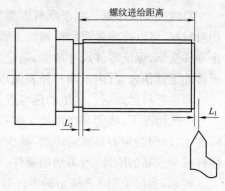

图 3-3　车螺纹时的引入升速段和降速段

（2）确定最短的进给走刀路线

切削进给走刀路线短，可有效地提高生产效率、降低刀具损耗等。

在安排粗加工或半精加工的切削进给路线时，应同时兼顾到被加工零件的刚性及加工的工艺性等要求。

1）合理设置起刀点。图 3-4 所示为采用矩形循环方式进行粗车外圆的一般走刀路线。

图 3-4（a）为换刀点与起刀点重合走刀路线，其起刀点 A 的设定是考虑到精车等加工过程中需方便地换刀，故设置在离坯料较远的位置处，同时将起刀点与换刀点重合在一起，按五刀粗车的走刀路线安排如下：

第一刀为 $A \rightarrow B \rightarrow D \rightarrow C \rightarrow A$；

……

第五刀为 $A \rightarrow E \rightarrow F \rightarrow G \rightarrow A$。

图 3-4（b）为巧用起刀点与换刀点分离，并设于图 3-4（b）所示的 B 点位置，仍按相同的切削用量进行五刀粗车，其走刀路线安排如下：

起刀点与换刀点分离的空行程为 $A \rightarrow B \cdots$

第一刀为 $B \rightarrow B_1 \rightarrow C_1 \rightarrow C \rightarrow B$；

……

第五刀为 $B \rightarrow D \rightarrow E \rightarrow G \rightarrow B$。

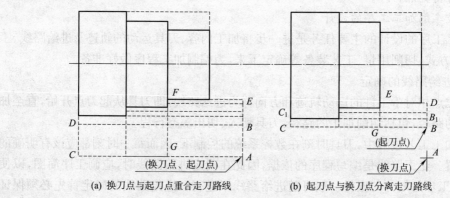

(a) 换刀点与起刀点重合走刀路线　　　　(b) 起刀点与换刀点分离走刀路线

图 3-4　合理设置起刀点

显然，图 3-4（b）所示的走刀路线短，这种起刀点的设置同样适合与端面、螺纹等循环加工。

2)合理设置换刀点。换刀时刀架远离工件的距离只要能保证换刀时刀具不和工件发生干涉即可。

3)合理安排"回零"路线。在手工编制较为复杂的加工程序时,为了避免与消除机床刀架反复移动进给时产生的积累误差,刀具没加工完后要执行一次"回零",操作时在不发生干涉的前提下,应采用 X、Z 坐标轴双向同时"回零"最短的路线指令。

（3）轮廓粗车进给路线

在确定粗车进给路线时,根据最短切削进给路线的原则,同时兼顾工件的刚性和加工工艺性等要求来选择最合理的进给路线,如图 3-5 所示。

图 3-5(a)所示为利用数控系统具有的封闭式复合循环(又称仿形循环,适合铸锻件毛坯)功能而控制车刀沿着工件轮廓进行走刀的路线。

图 3-5(b)所示为利用其程序单一固定循环功能安排的"三角形"走刀路线。

图 3-5(c)所示为利用其棒料粗车复合循环功能而安排的"矩形"走刀路线。

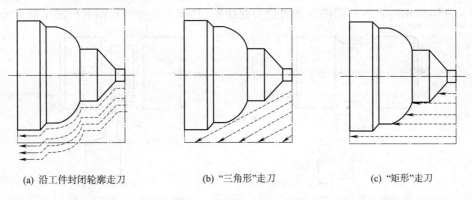

(a) 沿工件封闭轮廓走刀　　　　　(b) "三角形"走刀　　　　　(c) "矩形"走刀

图 3-5　轮廓粗车进给路线

通过对以上三种切削进给路线,进行分析和判断后可知,矩形走刀路线的长度总和最短,因此,在同等条件下,其切削所需时间(不含空行程)为最短,刀具的损耗小。另外,棒料复合循环加工的程序段格式较简单,所以这种进给路线的安排,在制订加工方案时应用较多,但矩形循环粗车后的精加工余量不够均匀。

（4）大余量铸、锻件毛坯阶梯进给路线

大余量铸、锻件毛坯阶梯切削进给路线如图 3-6 所示。粗车采用沿轴向顺序车削。

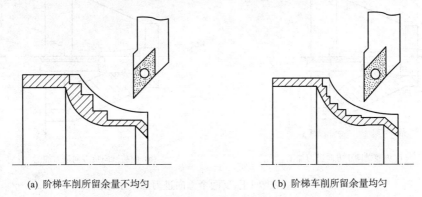

(a) 阶梯车削所留余量不均匀　　　　　(b) 阶梯车削所留余量均匀

图 3-6　大余量铸、锻件毛坯件的阶梯切削进给路线

　　图 3-6(a)所示为车削所留余量不均匀的错误的阶梯切削路线,在这种情况下再精车时,主切削刃受到瞬时的重负荷冲击,不仅对影响表面质量,而且也影响到刀具的使用寿命。

　　图 3-6(b)为车削所留余量均匀的阶梯切削路线。

　　根据数控车床加工的特点,如果毛坯形状的加工余量为圆弧形,一般可不采用阶梯进给路线,常采用沿圆弧方向切削切除加工余量的方法。

　　(5)特殊进给路线

　　1)切断刀的特殊进刀加工。利用切断刀可以完成倒角、梯形槽、长圆弧槽的各种精加工,如图 3-7 所示。但注意用切断刀车削之前必须用 35°外圆车刀荒车,而后用切断刀精车。

　　图 3-7(a)所示为车削长圆弧槽时进刀路线图,车削时刀具应先贴近工件外径,如果以左刀尖对刀轴向移动进刀时,到切削点位置应加上刀宽距离为编程尺寸,即用右刀尖车右圆弧。长圆弧槽中间平走刀的轴向距离,为零件中间轴向长度减去刀宽距离为编程尺寸,用左刀尖车左圆弧。

　　图 3-7(b)所示为表示车削梯形槽时进刀路线图,具体方式参照长圆弧槽的车削方法。

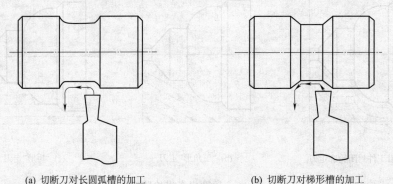

(a) 切断刀对长圆弧槽的加工　　　　　　(b) 切断刀对梯形槽的加工

图 3-7　切断刀的特殊进刀加工切削进给路线

　　2)由车床机械装置决定进刀路线。在数控车削加工时,一般情况下,Z 坐标轴方向的进给运动都是沿着负方向进给,但有时按常规的负方向安排进给路线并不合理,甚至可能车坏工件。例如,当采用尖形车刀加工大圆弧内表面零件时,安排两种不同的进给路线,如图 3-8 所示,其结果也不相同。

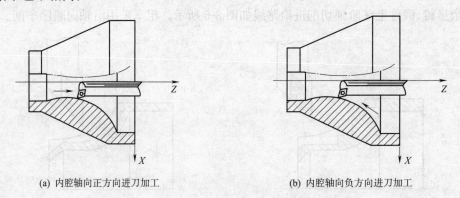

(a) 内腔轴向正方向进刀加工　　　　　　(b) 内腔轴向负方向进刀加工

图 3-8　内腔轴向正、反两个方向进刀加工示意图

图 3-8(a)为沿内腔轴向正方向进刀加工,即沿着正 Z 向走,吃刀抗力沿负 X 向作用,如图 3-9 所示。当刀尖运动到圆弧的换象限处时,X 向吃刀抗力 P_x 方向与横拖板传动力方向相反,即滚珠丝杠螺母副存在机械传动反向间隙,会产生扎刀现象,从而大大降低零件的表面质量,如图 3-10 所示。

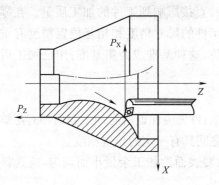 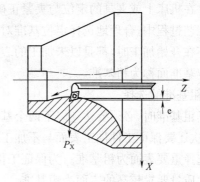

图 3-9 合理进给方式　　　　　　图 3-10 扎刀现象

2. 车削加工路线的选择原则与优化

确定加工路线的主要任务是粗加工及空行程的走刀路线,因为精加工一般是沿零件的轮廓走刀。

(1)常用加工路线选择原则

1)首先按已定工步顺序确定各表面加工进给路线的顺序。

2)寻求最短加工路线,减少空走刀时间,提高加工效率。

3)选择加工路线时应使工件加工变形最小,对横截面积小的细长零件或薄壁零件,应采用分几次走刀或对称去除余量法安排进给路线。

4)数控车削加工过程一般要经过循环切削,所以要根据毛坯的具体情况确定循环切削的进给量、背吃刀量,尽量减少循环走刀次数,以提高效率。

5)轴类零件安排走刀路线的原则是轴向走刀、径向走刀,循环切削的终点在粗加工起点附近,可减少走刀次数,避免不必要的空走刀。

6)盘类零件安排走刀路线的原则是径向走刀、轴向走刀,循环切削的终点在起点附近,编盘龙零件程序与轴类零件相反。

7)铸锻件毛坯形状与加工后零件形状相似,留有一定的加工余量。一般可采用封闭轮廓循环指令切削加工,这样可提高效率。

(2)常用车削加工路线的优化

1)轴类成形表面的加工路线。轴类零件(长 L 与直径 D 之比 $L/D \geqslant 1$ 的零件)采用 Z 坐标方向切削加工,X 方向进刀、退刀的矩形循环进给路线。在数控车床上加工轴类零件方法是遵循"先粗后精,先大后小"的基本原则,先对零件进行整体粗加工,然后再半精加工、精加工。

在车削零件时先从大径处开始车削,然后依次往小直径处进行加工。在数控机床上精加工轴类零件时,一般从右端开始连续不断地完成整个零件的切削。

2)盘类成形零件表面的加工路线。盘类(长 L 与直径 D 之比 $L/D \leqslant 1$ 的零件)采用径向切削加工,轴向进刀、退刀的封闭循环进给路线。

3)余量分布较均匀的铸、锻件表面的加工路线按零件形状逐渐接近最终尺寸指令(封闭轮廓循环指令或子程序),采用"剥皮式"进给路线进行加工,如图 3-5(a)所示。

3. 工件在数控车床上的定位

工件在机床上或夹具的定位与夹紧正确与否,直接影响到工件的加工质量。在零件的机械加工工艺过程中,合理地选择定位基准对保证工件的尺寸精度和相互位置精度有重要的作用。毛坯在开始加工时,都是以未加工的表面定位,这种基准成为粗基准;用已加工后的表面作为定位基准面称为精基准。

(1)粗基准的选择

选择粗基准时,必须要达到以下两个基本要求:首先应保证所有加工表面都有足够的加工余量;其次还要保证工件加工表面与不加工表面之间具有一定的位置精度。

1)选择重要表面为粗基准。为保证工件上重要表面的加工余量小而均匀,应选择加工精度及表面质量要求较高的表面为粗基准。

2)选择不加工的表面作粗基准。对于同时有加工表面与不加工表面的工件,为保证不加工表面之间的位置要求,应选择不加工表面作粗基准。图 3-11 所示为带轮粗基准选择。

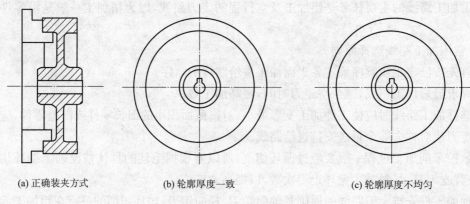

(a) 正确装夹方式　　　　　　　(b) 轮廓厚度一致　　　　　　　(c) 轮廓厚度不均匀

图 3-11　带轮粗基准的选择

如图 3-11(a)所示,由于铸造时有一定的形位误差,因此第一次装夹车削时,应选择带轮内缘的不加工表面作为粗基准,加工后就能保证轮缘厚度基本相等,如图 3-11(b)所示。如果选择带轮外圆加工表面作为粗基准,加工后因铸造误差不能消除,使轮缘厚度不均匀,如图 3-11(c)所示。

3)合理分配加工余量。对于所有表面都需加工的工件,在选择粗基准时,应考虑合理分配各加工表面的余量,选择毛坯量最小、精度高的表面作为粗基准,这样不会因位置的偏移而造成余量太少的部位加工不出来。

阶梯轴为铸件毛坯 A 侧余量最小,B 侧余量最大,如图 3-12 所示。粗车找正时应以 A 侧为基准,适合兼顾 B 侧加工余量。

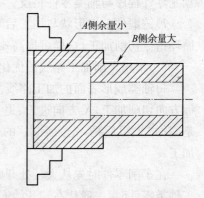

图 3-12　以加工余量小的表面找正

4)粗基准应选择平整光滑的表面,铸件装夹时应让开浇、冒口部分。

5)应选用工件上强度、刚性好的表面作为粗基准,以防止将毛坯夹坏或产生松动。

6)粗基准应避免重复使用。在同一尺寸方向上,粗基准只允许使用一次,以避免产生较大的定位误差。

(2)精基准的选择原则

选择精基准时主要应保证加工精度及装夹方便,夹具结构简单。选择原则如下:

1)基准重合原则。即选择设计基准或装配基准作为定位基准,以避免产生基准不重合误差。这种基准重合的情况能使某个工序所允许出现的误差加大,使加工更容易达到精度要求,经济性更好。但是,这样往往会使夹具结构复杂,增加操作困难,例如,轴套、齿轮坯和带轮,在精加工时利用心轴以孔作为定位基准来加工外圆等,如图 3-13 所示。在车床的三爪自定心卡盘上加工法兰盘时,一般先车好法兰盘的内孔和螺纹,然后将其安装在专用的心轴上,再加工凸肩、外圆和端面。即将定位基准和装配基准重合,达到装配精度要求。

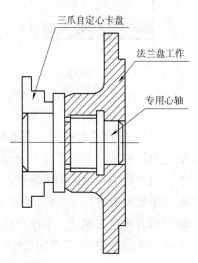

图 3-13　法兰盘的心轴加工

2)基准统一原则当工件上有许多表面需要进行多道工序加工时,应尽可能在多个工序中采用同一组基准定位,即基准统一原则。例如,加工轴类零件时,采用两中心孔定位加工各外圆表面、齿轮坯和齿形加工多采用齿轮的内孔及一端面为定位基准,均属于基准统一原则。

3)自为基准原则有些精加工工序为了保证加工质量,要求加工余量小而均匀,采用加工表面本身作为定位基准,即自为基准原则。

4)互为基准原则为了使加工面获得均匀的加工余量和较高的位置精度,可采用加工面互为基准、反复加工的原则。

5)便于装夹的原则工件定位要稳定,夹紧可靠,操作方便,夹具结构简单。

工件上的定位精基准,一般是工件上具有较高精度要求的重要表面,但有时为了使基准统一或定位可靠,操作方便,需人为地制造一类基准面,这些表面在零件使用中并不起作用。

4. 加工余量与工艺尺寸的确定

在选择好毛坯、拟定出机械加工工艺路线之后,就可以确定加工余量并计算各工序的工序尺寸。余量大小与加工成本、质量密切相关。余量过小,会使前一道工序的缺陷得不到修正,造成废品,从而影响加工质量和成本。余量过大,不仅浪费材料,而且要增加切削工时,增大刀具的磨损与机床的负荷,从而使加工成本增加。

(1)工序余量和总余量在机械加工过程中,为了使毛坯变为成品,而从毛坯表面上切去的金属层总厚度称为总加工余量。为完成某一工序所必须切除的一层金属称为工序余量。工序完成后的工件尺寸称为工序尺寸。对于回转表面(外圆和内孔)而言,加工余量是在直径上考虑的,即所切除的金属层厚度是加工余量的一半,称这种余量为双边余量,如图 3-14 所示。

其中网状剖面线为双边余量。端面加工所切除的金属层厚度和余量相等,称为单边余量,如图 3-15 所示。

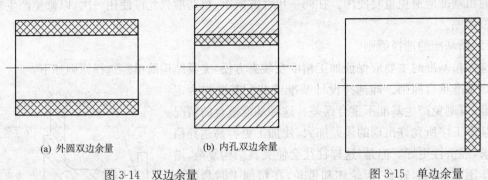

(a) 外圆双边余量　　　(b) 内孔双边余量

图 3-14　双边余量　　　　　　　　　图 3-15　单边余量

(2)工序尺寸公差由于在毛坯制造和各工序加工中都不可避免地存在误差,因而使实际的加工余量成为一个变值。对于外表面来说,公称余量 Z 是上工序和本工序尺寸(公称直径)之差。由手册中查出的加工余量,一般都指公称余量。最小余量 Z_{min} 是上工序最小工序尺寸和本工序最大工序尺寸之差,最大余量 Z_{max} 是上工序最大工序尺寸和本工序最小工序尺寸之差;对于内表面正好相反。工序余量的变化范围等于上工序尺寸公差 Δa 与本工序公差 Δb 之和。工序尺寸的公差,一般规定按"入体"原则标注。对被包容表面,基本尺寸即是最大工序尺寸;而对包容表面,基本尺寸即是最小工序尺寸,毛坯尺寸公差一般采用双向标注。

5. 确定零件装夹方法和夹具选择

数控车床上安装方法与普通车床一样,要尽量选用已有的通用夹具装夹,且应注意减少装夹次数,尽量做到在一次装夹中能把零件上所有要加工表面都加工出来。零件定位基准应尽量与设计基准重合,以减少定位误差对尺寸精度的影响。

(1)数控车床通常采用三爪自定心卡盘夹持工件,轴类工件还可采用尾座顶尖支持工件。批量生产时为便于工件夹紧,多采用液压或气压动力卡盘,而且通过调整压力的大小,可改变卡盘夹紧力,以满足夹持各种薄壁和易变形工件的特殊需要。

(2)工件批不大时,应尽量采用通用夹具、组合夹具或可调夹具。成批量生产时,考虑采用专用夹具,力求结构简单,缩短生产准备时间,节省生产费用。

(3)工件的装卸要快速、方便、可靠,以缩短机床的停顿时间。

(4)夹具上各零件应不妨碍机床对工件各表面的加工,夹紧结构元件不能影响加工时刀具的进给。

6. 数控车削刀具的选用

刀具的选择是数控加工工艺的重要内容之一,它不仅影响机床的加工效率,而且直接影响其加工质量。选择刀具通常要考虑机床的加工能力、工序内容、工件材料等因素。数控刀具要求精度高、刚性好、装夹调整方便、切削性能强、耐用度高。合理选用刀具,既能提高加工效率又能提高产品质量。为减少换刀时间和方便对刀,应尽可能多地采用机夹刀。

(1)对数控车削刀具的要求。虽然大多数车刀与普通加工采用的刀具相同,但数控加工对刀具的要求更高。具体内容是刚度好、强度高,以适应粗加工时的大背吃刀量和大进给量。高精度以适应数控加工的精度和自动换刀要求;较高的可靠性和耐用度保证加工质量和提高生产率。为使机床正常运转,应具有好的断屑和排屑性能,刀具安装调整方便,选用优质刀具材料等。

(2)对数控车削刀具的选用。数控车床能兼作粗精加工,因此粗车时,选用强度高、耐磨性好的刀具,以保证精度要求。此外,为减少换刀时间和方便对刀,应尽可能采用机夹可转位刀具。目前,数控车床普遍采用的是硬质合金机夹刀具和高速钢刀具。

(三)数控车削加工质量控制

为了提高数控车削加工的质量和精度,在进行加工时,可以采用多种方法来提高质量。

加工精度是加工后零件表面的实际尺寸、形状、位置三种几何参数与图样要求的理想几何参数的符合程度。理想的几何参数,对尺寸来说,就是平均尺寸;对表面几何形状来说,就是绝对的圆、圆柱、平面、锥面和直线等;对表面之间的相互位置来说,就是绝对的平行、垂直、同轴、对称等。零件实际几何参数与理想几何参数的偏离数值称为加工误差。

机械加工精度是指零件加工后的实际几何参数(尺寸、形状和位置)与理想几何参数相符合的程度,它们之间的差异称为加工误差。加工误差的大小反映了加工精度的高低。误差越大加工精度越低,误差越小加工精度越高。加工精度包括三个方面内容:

(1)尺寸精度指加工后零件的实际尺寸与零件尺寸的公差带中心的相符合程度。

(2)形状精度指加工后的零件表面的实际几何形状与理想的几何形状的相符合程度。

(3)位置精度指加工后零件有关表面之间的实际位置与理想位置的相符合程度。

在数控车削加工中,为了保证尺寸精度,可以有以下方法:

(1)自动控制法。由测量装置、进给装置和控制系统等组成。它是将测量、进给装置和控制系统组成一个自动加工系统,加工过程依靠系统自动完成。尺寸测量、刀具补偿调整和切削加工以及机床停车等一系列工作自动完成,自动达到所要求的尺寸精度。例如,在数控机床上加工时,零件就是通过程序的各种指令控制加工顺序和加工精度。目前广泛采用按加工要求预先编排的程序,由控制系统发出指令进行工作的程序控制机床(简称程控机床)或由控制系统发出数字信息指令进行工作的数字控制机床(简称数控机床),以及能适应加工过程中加工条件的变化,自动调整加工用量,按规定条件实现加工过程最佳化的适应控制进行自动控制。

(2)零件试切法。即先试切出很小部分加工表面,测量试切所得的尺寸,按照测量加工要求适当调刀具切削刃相对工件的位置。再试切,再测量,如此经过两三次试切和测量,当被加工尺寸达到要求后,再切削整个待加工表面。试切法通过"试切→测量→调整→再试切",反复进行,直到达到要求的尺寸精度为止。试切法达到的精度可能很高,它不需要复杂的装置,但这种方法费时(需作多次调整、试切、测量、计算),效率低,依靠操作者的技术水平和计量器具的精度,质量不稳定,所以只用于单件小批量生产。

数控加工中也可以采用试切法的原理,即试切测量后改变数控加工中的参数,如刀具补偿等来提高精度。

为提高尺寸精度在进行数控加工中可以利用多种方法相结合,在加工过程中也可以调整转速,进给速度等参数。

(四)复习题

1. 名词解释

粗基准、精基准、工序集中原则、基准重合原则、总加工余量、工序尺寸、工序余量。

2. 选择题

(1)采用下列(　　)措施不一定能缩短刀路线。

A. 减少空行程 　　　　　　　　　　　B. 缩短切削加工路线

C. 缩短换刀路线 　　　　　　　　　　D. 减少程序段

(2)合理选择换刀点可以实现(　　)的优点。

A. 便于零件的测量安装 　　　　　　　B. 便于提高零件的表面质量

C. 便于坐标的计算 　　　　　　　　　D. 减少切削时间

(3)精基准是用(　　)作为定位基准面。

A. 未加工表面　　　　B. 复杂表面　　　　C. 切削量小的表面　　　　D. 加工后的表面

(4)加工精度高、(　　)、自动化程度高、劳动强度低、生产效率高等是数控机床加工的特点。

A. 加工轮廓简单、生产批量又特别大的零件

B. 对加工对象的适应性强

C. 装夹困难或必须依靠人工找正、定位才能保证其加工精度的单件零件

D. 适于加工余量特别大、材质及余量都不均匀的坯件

(5)编写数控加工工序时,采用一次装夹工位上多工序集中加工原则的主要目的是(　　)。

A. 减少换刀时间 　　　　　　　　　　B. 减少空运行时间

C. 减少重复定位误差 　　　　　　　　D. 简化加工程序

(6)刀具的选择主要取决于工件的结构、工件的材料、工序的加工方法和(　　)。

A. 设备 　　　　　　　　　　　　　　B. 加工余量

C. 加工精度 　　　　　　　　　　　　D. 工件被加工表面的粗糙度

(7)下列选项中,(　　)是错误的加工顺序安排原则。

A. 基面先行　　　　B. 先精后粗　　　　C. 先主后次　　　　D. 先近后远

(8)粗加工阶段的关键问题是(　　)。

A. 提高生产效率 　　　　　　　　　　B. 精加工余量的确定

C. 零件的加工精度 　　　　　　　　　D. 零件的表面质量

(9)在数控加工中,选择刀具时一般应优先采用(　　)。

A. 标准刀具　　　　B. 专用刀具　　　　C. 复合刀具　　　　D. 都可以

(10)先在钻床上钻孔,再到车床上对同一个孔进行镗,将这个过程称为(　　)。

A. 两个工步 　　　　　　　　　　　　B. 两道工序

C. 两次走刀 　　　　　　　　　　　　D. 一道工序两个工步

3. 填空题

(1)数控加工工序的设计的主要任务是将_____、_____、_____、_____、_____、_____等确定下来,为编制加工程序做好准备。

(2)确定加工路线的主要任务是确定_____及路线。

(3)在数控车床上加工轴类零件时,应遵循_____原则。

(4)加工余量是指的金属层厚度。余量有_____余量和_____余量之分。

(5)一般情况下,总加工余量并非一次切除,而是分在各工序中逐渐切除,故每道工序所切除的金属层厚度称为该_____。是相邻两工序的工序尺寸之差,是毛坯尺寸与零件图样的设计尺寸之差。

(6)零件机械加工的工艺路线是指零件生产过程中,由_____到_____所经过的工序先后顺序。

(7)在数控加工中,刀具刀位点相对于工件运动的轨迹称为_____路线。

(8)走刀路线是指加工过程中,相对于工件的运动轨迹和方向。

(9)加工顺序的确定原则_____、_____、_____、_____及_____。

(10)在零件的机械加工工艺过程中,合理地选择_____对保证工件的_____和_____有重要的作用。

4. 判断题

(1)数控加工应尽量选用组合夹具和通用夹具装夹工件,避免采用专用夹具。 (　　)

(2)进给路线的确定一是要考虑加工精度,二是要实现最短的进给路线。 (　　)

(3)机床的进给路线就是刀具的刀尖或刀具中心相对机床的运动轨迹和方向。 (　　)

(4)加工零件在数控编程时,首先应确定数控机床,然后分析加工零件的工艺特性。

(　　)

(5)数控加工中心的工艺特点之一就是"工序集中"。 (　　)

(6)同一工件,无论用数控机床加工还是用普通机床加工,其工序都一样。 (　　)

(7)零件图中的尺寸标注要求是完整、正确、清晰、合理。 (　　)

(8)加工路线的正确与否直接影响到被加工零件的精度和表面质量。 (　　)

(9)普通车床加工过程中一般遵循先粗后精的原则。 (　　)

(10)数控车床加工过程中一般遵循先粗后精的原则。 (　　)

5. 简答题

(1)工艺分析包括哪些内容?对零件材料、件数的分析有何意义?

(2)确定加工工序的常见方法有哪些?

(3)数控加工工艺包括哪些内容?

(4)确定数控机床加工路线的原则是什么?

(5)数控加工工序卡主要包括哪些内容?与普通加工工序卡有什么区别?

(6)制订零件车削加工常用顺序一般遵循哪些原则?

(7)在数控机床上按"工序集中"原则组织加工有何优点?

进行任务操作

任务 1:DLSKCY-01 零件加工

任务单 1-1

适用专业:数控加工专业		适用年级:四年级	
任务名称:加工技师鉴定件		任务编号:DLSKCY-001	难度系数:中等
姓名:	班级:	日期:	实训室:

一、任务描述

 1. 看懂零件图纸。见 DLSKCY-001 零件图。

 2. 根据零件图编制该零件的加工工艺安排。

 3. 根据零件图选择加工零件所用的刀具,并填写数控加工刀具表。

 4. 选择合理的切削用量。

 5. 编写加工零件的加工程序,并填写加工程序单。

 6. 在数控车床上独立完成零件的加工。

 7. 对加工好的零件进行检测。

二、相关资料及资源

 相关资料:

 1. 教材《数控车加工技术与操作》。

 2.FANUC 数控系统操作手册。

 3. 教学课件。

 相关资源:

 1. 数控车床及附件。

 2. 机关的量具(游标卡尺、千分尺、螺纹环规。内径千分尺等)。

 3. 机关刀具(93°正偏刀、棱形车刀、5 mm 宽切槽刀、外螺纹车刀、内孔车刀等)。

 4.$\phi 50 \times 90$ 的 45 钢棒料。

 5. 教学课件。

 6. 引导文 1-2、评价表 1-3。

 7. 计算机及仿真软件。

三、任务实施说明

 1. 学生分组,每小组＿＿＿人。

 2. 小组进行任务分析,共同讨论,编制零件的加工工艺安排。

 3. 选择加工零件所用的刀具,并填写数控加工刀具表。

 4. 共同编写零件的加工程序,并填写加工程序单。

 5. 用电脑仿真软件模拟加工零件,检验加工程序的正确性。

 6. 现场教学,了解数控车床的结构,掌握数控机床安全操作规程、安全文明生产,了解数控机床的日常维护和保养,掌握数控车床的操作及操作的注意事项。

 7. 小组成员独立操作数控车床加工零件,并进行测量。

 8. 小组合作,制作 ppt,进行讲解演练,小组成员补充优化。

 9. 角色扮演,分小组进行讲解演示。

 10. 完成引导文 1-2 相关内容。

四、任务实施注意点

 1. 必须阅读《数控车床使用说明书》和教材,熟悉其操作规程。

 2. 操作数控车床时应确保安全,包括人身和设备的安全。

 3. 禁止多人同时操作一台数控车床。

4. 遇到问题时小组进行讨论,可让老师参与讨论,通过团队合作获取问题的解决。

5. 注意成本意识的培养。

五、知识拓展

1. 通过查找资料等方式,常用的数控加工工艺文件有哪些?

2. 数控机床加工路线的选择原则是什么?

3. 数控机床加工时的工序划分原则是什么?

任务分配表:

姓　名	内　　　容	完成时间

任务执行人:

姓名 ＼ 评价	自评(10%)	互评(10%)	教师对个人的评价 (80%)	备　注

日期: 年 月 日

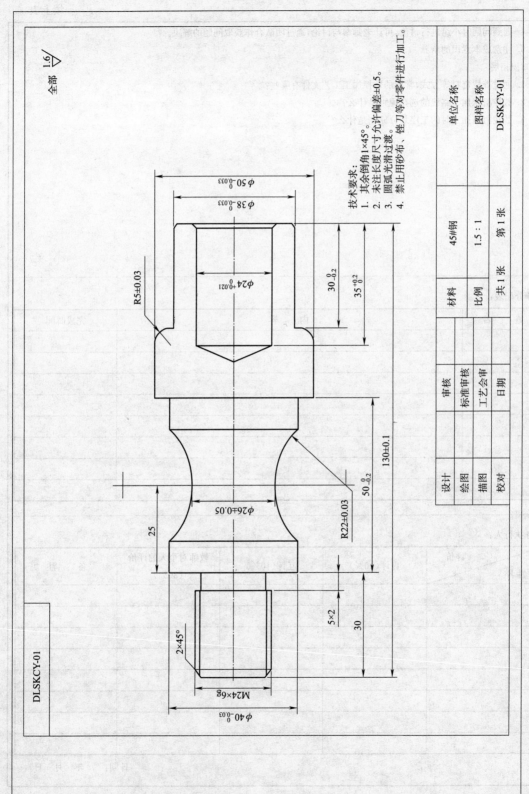

图 3-16 DLSKCY-001零件图

技术要求:
1. 其余倒角1×45°。
2. 未注长度尺寸允许偏差±0.5。
3. 圆弧光滑过渡。
4. 禁止用砂布、锉刀等对零件进行加工。

单位名称				
图样名称				DLSKCY-01
材料	45#钢			
比例	1.5：1		第 1 张	
		共 1 张		

设计		审核		
绘图		标准审核		
描图		工艺会审		
校对		日期		

DLSKCY-01

引导文 1-2

适用专业:数控加工专业		适用年级:四年级		
任务:DLSKCY-001 零件加工				
学习小组:	姓名:	班级:		日期:

一、明确任务目的

通过任务 1 的学习,要求学生能够做得到:

(1)根据零件图纸,合理地编制零件的加工工艺安排。

(2)合理选择加工该零件所用的刀具。填写数控加工刀具表。

(3)能够独立编制该零件的加工程序,并填写加工程序单。

(4)能够独立完成该零件的车削加工,并对零件进行检测。

(5)遵守数控车床的操作规程和 6S 管理。

(6)有效沟通及团队协作、自信。

二、引导问题

(1)安全文明生产包括哪些内容?

(2)M24 粗牙螺纹的螺距是多少?

(3)大螺距螺纹一般用什么方法车削?

(4)常用的数控加工工艺文件有哪些?

(5)如何确定数控车床两轴及其方向,说明原因。

(6)简述数控车床的加工特点。

三、引导任务实施

　　(1)根据任务单 1-1 给出的零件图,编制零件的加工工艺安排。

　　(2)根据零件的加工工艺安排选择刀具、量具,并填写刀具表。

　　(3)编写零件的加工程序需要哪些 G 指令、M 指令和其他指令。

　　(4)加工该零件应选择什么规格的毛坯。

　　(5)编写在数控车床上加工零件时出现了哪些问题?怎样解决?

四、评价

根据本小组的学习评价表,相互评价,请给出小组成员的得分:

任务学习其他说明或建议:

指导老师评语:

任务完成人签字:　　　　　　　　　　　　　　　　日期:　　年　月　日

指导老师签字:　　　　　　　　　　　　　　　　　日期:　　年　月　日

数控加工工序卡

工 序 卡							产品名称	零件名称	零件图号
工序号	程序编号	材 料	数 量				夹具名称	使用设备	车间(班组)
工步号	工步内容	切削用量				刀 具		量 具	
		V(m/min)	n(r/min)	F(mm/min)	a_p(mm)	编号	名称	编号	名称
1									
2									
3									
4									
5									
6									
7									
8									
9									
10									
11									
12									
编制		审核		批准			共 页		第 页

数控加工刀具卡

产品名称或代号			零件名称		零件图号				
序号	刀具号	刀具规格名称			刀具参数		刀补地址		
					刀尖半径	刀杆规格	半 径	形 状	
1									
2									
3									
4									
5									
6									
7									
8									
9									
10									
11									
12									
编制		审核		批准			共 页		第 页

数控加工程序卡

零件图号		零件名称		编制日期	
程 序 号		数控系统		编　　制	
程序内容			程序说明		

评价表 1-3

任务的考核方式以考核评价方式与标准为依据,分为自我评价、小组成员互相评价、教师评价三部分,其中自我评价占总成绩的 10%,小组成员互相评价占总成绩的 10%,教师评价占总成绩的 80%。每个任务总成绩评定等于三项成绩加权值。

任务 1:DLSKCY-01 零件加工

评 分 表

学习领域名称			日 期	
姓 名		工 位 号		
开工时间		设备型号		
序 号	项目名称		配 分	得 分	备 注
1	机床运行		10		
2	程序编制及安全事项		15		
3	程序编制及安全事项零件加工		75		
合 计			100		

机床运行评分表

	项 目	考核内容	配 分	实际表现	得 分
1		接通机床及系统电源	1		
2		加工速度的调整	1		
3		工件的正确安装	1		
4		工件坐标系的确定	1		
5	机床运行	刀具参数的设定	1		
6		编程界面的进入	1		
7		程序的输入与修改	1		
8		程序的仿真运行	1		
9		机床超程解除	1		
10		系统诊断问题的排除	1		
合计			10		

程序编制及安全文明生产评分表

	项 目	考核内容	配 分	实际表现	得 分
1		指令正确,程序完整	1		
2		刀具半径补偿功能运用准确	1		
3	程序编制及安全文明生产	数值计算正确	1		
4		程序编制合理	1		
5		劳保护具的佩戴	2		
6		刀具工具量具的放置	1		
7		刀具安装规范	1		

续上表

项　目		考核内容	配　分	实际表现	得　分
8	程序编制及安全文明生产	量具的正确使用	1		
9		设备卫生及保养	2		
10		团队协作	2		
11		学习态度	2		
合计			15		

零件加工评分表

项　目	考核内容		配　分	评分标准	检测结果	得　分
外圆	$\phi 48_{-0.033}^{0}$	IT	6	超差 0.01 扣 2 分		
		Ra	4	降一级扣 2 分		
	$\phi 40_{-0.033}^{0}$	IT	6	超差 0.01 扣 2 分		
		Ra	4	降一级扣 2 分		
	$\phi 35_{-0.033}^{0}$	IT	6	超差 0.01 扣 2 分		
		Ra	4	降一级扣 2 分		
螺纹	M30×2−6 g	IT	16	通止规检查不合格不得分		
		Ra	4	降级不得分		
圆弧	SR10±0.03	IT	4	不合格不得分		
		Ra	2	降级不得分		
	R4	IT	2	不合格不得分		
		Ra	2	降级不得分		
长度	78±0.1	IT	2	超差不得分		
	$28_{-0.05}^{0}$	IT	2	超差不得分		
	$20_{0}^{+0.05}$	IT	2	超差不得分		
	13	IT	1	超差不得分		
	6	IT	1	超差不得分		
	5	IT	1	超差不得分		
退刀槽	5×2	IT	2	不合格不得分		
其他	C1	IT	1	不合格不得分		
	C1.5	IT	2	不合格不得分		
	未注倒角	IT	1	不合格不得分		
合计	总配分		75	总得分		

项目四　产教结合篇

学习相关知识

一、数控加工工艺基础知识

(一)生产过程和工艺过程

1. 生产过程

将原材料转变为成品的全过程称为生产过程。例如,一个零件的生产过程应该包括生产准备、毛坯制造、零件的机械加工及热处理、质检等。

生产过程包括以下内容:

(1)生产的准备工作,如产品的开发设计和工艺设计、专用装备的设计与制造以及各种生产组织等方面。

(2)原材料及半成品的运输和保管。

(3)毛坯的制造过程,如锻造、铸造、冲压等。

(4)零件的各种加工过程,如机械加工、焊接、热处理等。

(5)部件和产品的装配过程。

(6)产品的检验、调试、涂漆与包装等。

2. 工艺过程

工艺就是制造产品的方法。采用机械加工的方法,直接改变毛坯的形状、尺寸和表面质量等,使其成为零件的过程称为工艺过程。所以工艺过程是指改变生产对象的形状、尺寸、相对位置和性质等,使其成为成品或半成品的过程。

在机械加工工艺过程中,针对零件的结构特点和技术要求,必须采用不同的加工方法和装备,按照一定的顺序依次进行才能完成由毛坯到零件的过程转变。因此,机械加工工艺过程是由一个或若干个顺序排列的工序组成,而工序又由安装、工步、进给及工位等组成。

(1)工序。一个或一组工人,在一个工作地点(如机床、钳工台)对同一个或同时对几个工件连续完成的那一部分工艺过程成为工序。划分工序的主要依据是工作地点是否变动和工作是否连续,工序是组成工艺过程的基本单元,也是生产计划的基本单元。

(2)安装工件。经依次装夹后所连续完成的那一部分工序称为安装。

(3)工步。在加工表面不变、加工工具不变、切削用量不变的条件下连续完成的那一部分工序称为工步。

(4)进给。在一个工步内,若被加工表面需切除的余量较大,可分几次切削,每次切削称为一次进给。

(5)工位。采用转位(或移位)夹具、回转工作台或在多轴机床上加工时,工件在机床上一次装夹后,要经过若干个位置依次进行加工,工件在机床上所占据的每一个位置上完成的那一步分工序就称为工位。

（二）生产纲领和生产类型

1. 生产纲领

生产纲领是指企业在计划期内应当生产的产品产量和进度计划，通常也称年产量。零件的生产纲领还包括一定的备品和废品数量。

2. 生产类型

生产类型是指企业（车间、工段、班组、工作地）生产专业化程度的分类。一般分为三种类型：

（1）单件生产。单件生产指产品品种多，但每一种产品结构、尺寸不同，且产量很少，各个工作地点的加工对象经常改变，且很少重复的生产类型。例如，新产品试制、重型机械和专用设备的制造等均属于单件生产。

（2）大量生产。大量生产指产品数量很大、品种少，大多数工作地点长期地按一定节拍进行某一零件的某一道工序的加工。例如，汽车、摩托车、柴油机、拖拉机、自行车、轴承及齿轮等的生产均属于大量生产。

（3）成批生产。成批生产是指一年中分批轮流地制造几种不同的产品，每种产品均有一定的数量。工作地点和加工对象周期性地重复。例如，机床、机车、纺织机械等的生产均属于成批生产。按照成批生产中每批投入生产的数量大小和产品的特征，成批生产又可分为小批生产、中批生产和大批生产三种。在工艺方面，小批生产与单件生产相似，大批生产与大量生产相似，中批生产则介于单件生产和大量生产之间。不同生产类型和生产纲领之间的关系：生产类型的划分主要由生产纲领确定，同时还与产品的大小及结构的复杂程度有关。生产类型不同，产品的制造工艺、工装设备、技术措施、经济效率等也不相同。在大批大量生产时通常采用高效的工艺及设备，经济效率高；而在单件小批量生产时通常采用通用设备及工装生产的产品，生产效率、经济效率都低。生产类型与生产纲领的关系见表 4-1。

表 4-1　生产类型与生产纲领的关系

生产类型		生产纲领（单位为台/年或件/年）		
		重型零件（>30 kg）	中性零件（4~30 kg）	轻型零件（<4 kg）
单件生产		≤5	≤10	≤100
成批生产	小批量生产	5~100	10~150	100~500
	中批量生产	100~300	150~500	500~5 000
	大批量生产	300~1 000	500~5 000	5 000~50 000
大量生产		>1 000	>5 000	>50 000

（三）零件图分析

在制订零件的机械加工工艺规程时，首先应对零件图、装配图进行分析，明确零件在产品中的位置、作用，然后着重对零件图和装配图进行技术要求分析及对零件的结构工艺性分析。

在认真分析与研究产品的零件图和装配图，熟悉整台产品的用途、性能和工作条件的基础上，还应具体了解零件在产品中的作用、位置和装配关系，然后对零件图样进行分析。

（1）零件技术要求分析。零件的技术要求主要指尺寸精度、形状精度、位置精度、表面粗糙度及热处理等。通过分析，弄清楚各项技术要求对装配质量和使用性能的影响，找出主要的和关键的技术要求。

（2）零件的结构工艺性分析。零件的结构工艺性是指所设计的零件在能满足使用要求的前提下制造的可能性和经济性。好的结构工艺性能能使零件加工容易、节省工时、节省材料。

（四）毛坯的选择

在机械加工中常用的毛坯种类有铸件、锻件、型材、焊接件等。一般来说，毛坯制造精度越高，其形状和尺寸越接近成品零件外形，使劳动强度、材料消耗、产品成本降低。但毛坯的制造费用却会因采用了先进的设备而增加。因此，在确定毛坯时应当综合考虑各方面的因素，以达到最佳的效果。

确定毛坯时主要考虑下列因素：

（1）零件的材料及其力学性能。根据零件的材料可以确定毛坯的种类，而其力学性能的高低，也会在一定程度上影响毛坯的种类，如力学性能较高的钢件，其毛坯最好用锻件而不用型材。

（2）生产类型。不同的生产类型决定了不同的毛坯制造方法。在大批量生产中，应采用精度和生产率都较高的先进的毛坯制造方法，如铸件应采用金属模机器造型，锻件应采用模锻。还应当充分考虑采用新工艺、新技术和新材料的可能性，如精铸、精锻冷挤压、冷轧、粉末冶金和工程塑料等。单件小批量生产则一般采用木模手工造型或自由锻等比较简单、方便的毛坯制造方法。近年来，在单件生产中，消失模铸造被广泛使用。消失模铸造是一项创新的铸造工艺方法，使用聚苯乙烯制作模型，熔融金属浇入铸型后模型汽化被金属所取代形成铸件。

（3）零件的结构形状和外形尺寸。在充分考虑了上两项因素后，有时零件的结构形状和外形也会影响毛坯的种类和铸造方法。例如，常见的一般用途的钢质阶梯轴，当各台阶相差不大时可用棒料；若各台阶直径相差很大时，宜用锻件。成批生产中小零件可选用模锻，而大尺寸的钢轴受到设备和模具的限制一般选用自由锻。

二、数控加工工艺及特点

数控加工是指在数控机床上进行自动加工零件的一种工艺方法。其实质是数控机床按照事先编制好的零件加工程序通过数字控制，自动对零件进行加工的过程。

数控机床加工与普通机床加工在方法与内容上很相似，不同之处在于加工过程中的控制方式。普通机床由于手动方式来控制，因此虽有工艺文件说明，但在操作上随机性很强，一般不需要工艺人员在设计工艺规程时进行过多的规定，零件的尺寸精度也可保证。而数控机床在加工时，全部工艺信息是记录在控制介质上，它基本无随机性。由此可见，要实现数控加工，工艺与程序起着重要作用。

（一）数控加工过程

（1）阅读零件图样，充分了解图样的技术要求（如尺寸精度、形位公差、表面粗糙度、工件的材料、硬度、加工性能以及工件数量等），明确加工内容。

（2）根据零件图样的要求进行工艺分析，其中包括零件的结构工艺性分析、材料和设计精度的合理性分析、大致工艺步骤等。

（3）根据工艺分析制定出加工所需要的一切工艺信息。例如，加工工艺路线、工艺要求、刀具的运动轨迹、切削用量（主轴转速、进给量、吃刀深度）以及辅助功能（换刀、主轴正转或反转、切削液开关）等，并填写工艺过程和加工工序卡。

（4）根据零件图样和制定的工艺内容,再按照所用数控系统规定的指令代码及程序格式进行数控编程。

（5）将编写好的程序通过传输接口,输入到数控机床的数控装置中。调整好机床并调用该程序后,加工出符合图样要求的零件。

从数控加工过程可以看出,工艺分析和制定加工工艺在数控加工中起关键作用,直接决定了数控加工的好坏与成败。

（二）数控加工工艺的内容

数控加工工艺是指在数控机床上进行自动加工零件时运用各种方法及技术手段的综合体现。它是伴随着数控机床的产生、发展而逐步完善起来的一种应用技术。其工艺流程图如图4-1所示。

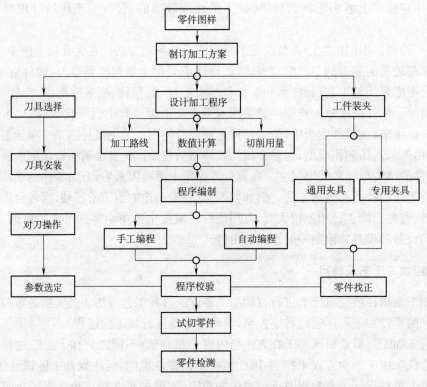

图4-1　数控加工工艺流程图

数控加工工艺主要包括如下内容:

（1）对被加工零件图样进行分析,明确加工内容,制定加工方案,对所有要加工的零件进行技术要求分析,选择合适的加工方案与数控设备。

（2）确定数控机床加工的零件、工序和内容。

（3）确定零件的加工方案,制定数控加工工艺路线。例如,划分工序、安排加工顺序、处理与非数控加工工序的衔接等。

（4）编制数控加工工序。根据零件的加工要求,分析数据、选择切削参数后对零件进行手工或自动编程。

（5）设计数控加工工序。例如,选取零件的定位基准、夹具方案的确定、划分工步、选取刀具并安装刀具等。

（6）选取对刀点和换刀点的位置，刀具补偿、加工路线、加工余量的确定。

（7）分配调整数控加工中的容差、处理数控机床上的部分工艺指令。

（8）零件的验收与质量误差的分析。当零件加工完后应进行检验，并通过质量分析找出误差的原因及纠正方法。

（9）数控加工工艺文件的制定编写、整理与归档。

（三）数控加工工艺的特点

由于数控加工具有自动化程度高、精度高、质量稳定、生产效率高、设备费用高、功能较强等特点，因此数控加工工艺与普通加工工艺也存在着一定的差异，主要表现出以下几点。

1. 制定数控加工工艺内容要明确具体

在进行数控加工时，所有工艺问题如加工部位、加工顺序、刀具配置顺序、刀具轨迹、切削参数等必须事先设计和安排好，并编入加工程序中。具体到每一次走刀路线和每一个操作细节，尤其在自动编程中更要详细设定各种工艺参数。这一点不同于普通机床加工工艺。

2. 实施数控加工工艺工作要严密精确

在数控加工时由于其自适应性较差，因此对在加工过程中可能遇到的所有问题必须事先精心考虑清楚，否则将导致严重的后果。例如，车削加工内腔时，数控机床不知道孔中是否塞满切屑，是否需要退刀清理一下再继续加工。而普通机床加工时可以根据加工过程中出现的实际问题而人为进行及时调整。为了做到万无一失、准确无误，数控加工工艺要求更加严密、精确。尤其是对零件图进行数学处理和计算，才能确定合理的编程尺寸。

3. 确定数控加工工艺要考虑其特殊性

（1）柔性加工程度高、适应性强。由于在数控机床上加工零件主要取决于加工程序，一般不需要很复杂的工艺装备，也不需要经常调整机床，就可以通过编程将外形复杂精度高的零件加工出来，缩短了新产品的研制周期，给产品的改型换代提供了捷径。

（2）零件加工精度高、质量稳定。由于数控机床的刚度高，配置高级刀具，因此在同等情况下，数控机床切削用量比普通机床大，不仅加工效率高而且加工精度也较高。

（3）自动化程度高、效率高。由于数控机床是按输入程序自动完成加工，一般情况下，操作者所要完成的是对程序的输入和编辑、工件的装卸、刀具的准备、加工状态的监测等，从而相应改善了劳动强度和条件。

（4）复合化程度高、工序集中。在数控机床上加工零件应尽量在一次装夹中完成更多的工序，这与数控机床本身的复合化程度高有关，因此其明显特点是工序相对集中，表现为工序数目少、工序内容多，并尽可能安排较复杂的工序。

4. 设计数控加工工艺要考虑系统条件的影响

在数控加工中刀具的移动轨迹由插补运算完成。在数控系统已定的条件下，进给速度越快，则插补精度越低，导致工件的轮廓形状精度越差，尤其在高精度加工时这种影响非常明显。由此可见，定制数控加工工艺的着眼点是对整个数控加工过程的分析，关键在确定进给路线及生成的刀具运动轨迹。加工工艺设计的正确与否直接影响到数控加工的尺寸精度和表面精度、加工时间的长短、材料和人工的耗费，甚至直接影响了加工的安全性。

（四）数控加工工艺分析

数控机床加工工艺涉及面广、影响因素较多，因此必须根据数控机床的性能特点、应用范围对零件加工工艺进行分析。

1. 对零件数控加工的可能性分析

对零件毛坯材质本身的力学性能、热处理状态、毛坯外形的安装性及加工余量状况进行分析，为刀具材料和切削用量的选择提供依据。

2. 对刀具运动轨迹的可行性分析

零件毛坯外形和内腔是否有碍刀具定位、运动和切削，必要时可进行刀具检测，为刀具运动路线的确定和程序设计提供依据。

3. 对零件加工余量的状况分析

分析毛坯是否留有足够的加工余量，孔加工部位是通孔还是盲孔，有无沉孔等，为刀具选择、加工安排和加工余量分配提供依据。

4. 对零件图样尺寸的标注方法分析

若零件的尺寸特性分散地从设计基准引注，这样的标注会给工序安排、加工、坐标计算和数控编程带来许多麻烦。而数控零件加工图样则要求从同一基准引注尺寸或直接给出相应的坐标值。

5. 对构成零件轮廓的集合元素分析

采用手工编程时要计算构成零件轮廓的每一个节点坐标。自动编程时要对构成零件轮廓的所有几何元素进行定义，如零件设计人员在设计过程中忽略某些元素，出现条件不充分或模糊不清的问题，可能使编程无法进行。

6. 对零件结构工艺性的分析

(1)零件的外形、内腔是否可以采取统一的几何类型或尺寸，尽可能减少刀具数量和换刀次数，例如，在设计轴类工件轴肩空刀槽时，应将宽度尺寸设计一致，以减少换刀次数，提高效率。

(2)零件内槽圆角的大小决定着刀具直径的大小，因而内槽圆角半径不应设计过小。零件工艺性的好坏与被加工轮廓的高低、转接圆弧半径的大小等有关。

(3)零件槽底半径不宜过大，圆角半径过大时，铣刀铣销平面的面积越小，加工表面的能力相应减小。

7. 通过工艺分析选择合适的加工方案

对于同一个零件由于安装定位的方式、刀具的配备、加工路线的选取、工件坐标系的设置以及生产规模的差异，可能会出现多种加工方案，根据零件的技术要求选择经济、合理的加工工艺方案。

三、工艺路线的拟订

工艺路线的拟订是制订工艺规程的关键，规定零件的制造工艺过程和操作方法等的工艺文件称为工艺规程。它是在具体的生产条件下以最合理或较合理的工艺过程和操作方法，并按规定的图表或文字形式书写成工艺文件。

拟订工艺路线首先应选择各道工序的具体加工内容，然后确定各工序所用机床及工艺装备、各个表面的加工方法和加工方案、各表面的加工顺序及工序集中与分散的程度，合理选择机床、刀具、夹具、切削用量及工时定额等。

(一)工艺路线设计

选择各加工表面的加工方法，划分加工阶段、划分工序以及安排工序的先后顺序等是工艺路线设计的主要内容。设计者应根据从生产实践中总结出来的一些综合性的工艺原则,结合现有实际生产条件,提出几种方案,通过对比分析,从中选择最佳方案。

机械零件的结构形状多种多样,但他们都是由平面、外圆柱面、内圆柱面或曲面、成形面等基本表面组成。表面加工方法的选择,一般先根据表面的加工精度和粗糙度要求选定最终加工方法,然后再确定精加工前准备工序的加工方法,即确定加工方案。由于获得同一加工精度和表面粗糙度的加工方法有多种,在选择时除了考虑生产要求和经济效益外,还应该考虑零件材料、结构形状、尺寸及生产类型以及具体生产条件等。

1. 外圆表面加工方法的选择

外圆表面的加工方法主要有车削和磨削。当表面粗糙度要求较小时,还需要光整加工。外圆表面的常用加工方法见表4-2。

表 4-2　外圆表面加工方法

序号	加工方案	经济度级别	表面粗糙度 Ra 值/μm	适用范围
1	粗车	1T11 以下	50～12.5	适用于淬火钢以外的各种金属
2	粗车→半精车	1T8～1T10	6.3～3.2	
3	粗车→半精车→精车	1T7～1T8	1.6～0.8	
4	粗车→半精车→精车→滚压(或抛光)	1T7～1T8	0.2～0.025	
5	粗车→半精车→磨削	1T7～1T8	0.8～0.4	主要用于淬火钢,也可用于未淬火钢,但不宜加工有色金属
6	粗车→半精车→粗磨→精磨	1T6～1T7	0.4～0.1	
7	粗车→半精车→粗磨→精磨→超精加工	1T5	0.1～0.012	
8	粗车→半精车→精车→金刚石车	1T6～1T7	0.4～0.025	主要用于要求较高的有色金属加工
9	粗车→半精车→粗磨→精磨→超精磨或镜面磨	1T5 以上	0.025～0.006	极高精度的外圆加工
10	粗车→半精车→粗磨→精磨→研磨	1T5 以上	0.1～0.006	

注意:外圆加工表面的加工方法,除了与被加工零件所要求的加工精度和表面粗糙度有关外,还与被加工零件的材料有关,一般来说有以下限制:

(1)最终工序为车削的加工方案,适用于除淬火钢以外的各种金属。

(2)最终工序为磨削的加工方案,适用于淬火钢、未淬火钢和铸铁,不适用于有色金属,因其韧性大,磨削时易堵塞砂轮。

(3)最终工序为精细车或金刚车的加工方案,适用于要求较高的有色金属加工。

(4)最终工序为光整加工,如研磨、超精磨及超精加工等,一般在光整加工前应精磨。

(5)对于表面粗糙度要求高而尺寸精度要求不高的外圆,可通过滚压或抛光加工。

2. 内孔表面加工方法的选择

加工方法有钻、扩、铰、镗、拉、磨以及光整加工等,常用内孔表面加工方法见表4-3。

表 4-3　内孔表面加工方法

序号	加工方案	经济精度级	表面粗糙度 Ra 值/μm	适用范围
1	钻	IT11～IT12	12.5	加工未淬火钢及铸铁的实心毛坯,也可用于加工有色金属(但表面粗糙度稍大,孔径小于15～20 mm)
2	钻→铰	IT9	3.2～1.6	
3	钻→铰→精铰	IT7～IT8	1.6～0.8	

续上表

序号	加工方案	经济精度级	表面粗糙度 Ra 值/μm	适用范围
4	钻→扩	IT10～IT11	12.5～6.3	
5	钻→扩→铰	IT8～IT9	3.2～1.6	同上,但孔径大于15～20 mm
6	钻→扩→粗铰→精铰	IT7	1.6～0.8	
7	钻→扩→机铰→手铰	IT6～IT7	0.4～0.2	
8	钻→扩→拉	IT7～IT9	1.6～0.1	大批大量生产(精度由拉刀的精度而定)
9	粗镗(或扩孔)	IT11～IT13	12.5～6.3	
10	粗镗(粗扩)→半精镗(精扩)	IT9～IT10	3.2～1.6	除淬火钢外各种材料,毛坯有铸出孔或锻出孔
11	粗镗(扩)→半精镗(精扩)→精镗(铰)	IT7～IT8	1.6～0.8	
12	粗镗(扩)→半精镗(精扩)→精镗→浮动镗刀精镗	IT6～IT7	0.8～0.4	
13	粗镗(扩)→半精镗→磨孔	IT7～IT8	0.8～0.2	主要用于淬火钢或未淬火钢,但不宜用于有色金属
14	粗镗(扩)→半精镗→粗磨→精磨	IT7～IT8	0.2～0.1	
15	粗镗→半精镗→精镗→金刚镗	IT6～IT7	0.4～0.05	主要用于精度要求高的有色金属加工
16	钻→(扩)→粗铰→精铰→珩磨; 钻→(扩)→拉→珩磨; 粗镗→半精镗→精镗→珩磨	IT6～IT7	0.2～0.025	精度要求很高的孔
17	以研磨代替上述方案中的珩磨	IT6 级以上	0.1～0.006	

(1)对于加工精度为 IT9 级的孔,除淬火钢以外,当孔径小于 10 mm 时,采用钻→铰方案;当孔径小于 30 mm 时,采用钻→扩→铰方案;当孔径大于 30 mm 时,采用钻→镗方案。

(2)对于加工精度为 IT8 级的孔,除了淬火钢以外,当孔径小于 20 mm 时,可以采用钻→铰方案;当孔径大于 20 mm 时可采用钻→扩→铰方案,但孔径应在 20～80 mm 范围内,此外也可采用最终工序为精镗或拉孔的方案;淬火钢可采用磨削加工方案。

(3)对于加工精度为 IT7 级的孔,当孔径小于 12 mm 时,可采用钻→粗铰→精铰方案;当孔径在 12～60 mm 之间时,可采用钻→扩→粗铰→精铰方案或钻→扩→磨孔方案。

(4)若加工毛坯上已铸出或锻出的孔,可采用粗镗→半精镗→精镗方案或采用粗镗→半精镗→磨孔方案,最终工序为铰孔的方案,适用于未淬火钢或铸铁。

(5)对于有色金属铰出的孔表面粗糙度较大,常用精细镗孔代替铰孔。最终工序为拉孔的方案适用于大批大量生产,工件材料为淬火钢、铸铁及有色金属。最终工序为磨孔的方案适用于加工除硬度低、韧性大的有色金属外的淬火钢、未淬火钢和铸铁。

(6)对于加工精度为 IT6 级的孔,最终工序采用手铰、精细镗、研磨或珩磨等方案均能达到要求,应视具体情况选择。韧性较大的有色金属不宜采用珩磨,可采用研磨或精细镗。研磨对大、小孔加工均适用,而珩磨只适用于大直径孔的加工。

3. 平面加工方法的选择

平面的主要加工方法有铣削、刨削、车削、磨削及拉削等,精度要求高的表面还需要经研磨或刮削加工。平面常用的加工方法见表 4-4。

表 4-4　平面的加工方法

序号	加工方案	经济精度级	表面粗糙度 Ra 值/μm	适用范围
1	粗车→半精车	IT9	6.3～3.2	
2	粗车→半精车→精车	IT7～IT8	1.6～0.8	端面
3	粗车→半精车→磨削	IT8～IT9	0.8～0.1	
4	粗刨(或粗铣)→精刨(或精铣)	IT8～IT9	6.3～1.6	一般不淬硬平面(端铣表面粗糙度较细)
5	粗刨(或粗铣)→精刨(或精铣)→刮研	IT6～IT7	0.8～0.1	精度要求较高的不淬硬平面;批量较大时宜采用宽刃精刨方案
6	以宽刃刨削代替上述方案刮研	IT7	0.8～0.2	
7	粗刨(或粗铣)→精刨(或精铣)→磨削	IT7	0.8～0.2	精度要求高的淬硬平面或不淬硬平面
8	粗刨(或粗铣)→精刨(或精铣)→精磨	IT6～IT7	0.4～0.02	
9	粗铣→拉	IT7～IT9	0.8～0.2	大量生产,较小的平面(精度视拉刀精度而定)
10	粗铣→精铣→磨削→研磨	IT6 级以上	0.1～0.006	高精度平面

对于平面加工方案在选择时应考虑以下几方面因素:

(1)最终工序为刮研的加工方案多用于单件小批量生产中配合表面要求高且不淬硬的平面加工。

(2)当批量较大时,可用宽刃刀细刨代替刮研。宽刃刀细刨特别适合用于加工像导轨面这样的狭长平面,能显著提高生产效率。

(3)磨削适用于直线度及表面粗糙度要求高的淬硬工件和薄片工件,也适用于淬硬钢件上面积较大的平面的精加工。但不宜加工塑性较大的有色金属。

(4)车削主要用于回转体零件的端面加工,以保证端面与回转轴线的垂直度要求。

(5)拉削平面适用于大批量生产中的加工质量较高且面积较小的平面。

(6)最终工序为研磨的方案适用于高精度的小型零件的精密平面,如量规等精密量具的表面。

(二)进给路线的确定

进给路线是指刀具相对于工件的轨迹,也称加工路线。在普通机床加工中,进给路线由操作者直接控制,工序设计时无须考虑。但在数控加工中,进给路线由数控系统控制,因此,工序设计时必须拟定好刀具的进给路线,绘制进给路线图,以方便编写数控加工程序。进给路线的确定主要有以下几点原则:

(1)使工件表面获得所要求的加工精度和表面质量。例如,避免刀具从工件轮廓法线方向切入、切出及在工件轮廓处停刀,以防留下刀痕,先完成对刚性破坏小的工步,后完成对刚性破坏大的工步,以免工件刚性不足影响加工精度。

(2)尽量使进给路线最短,减少进给使劲按,以提高加工效率。

(3)使数值计算容易,以减少数控编程中的计算工作量。

(三)加工阶段的划分

当零件的加工质量要求较高时,往往不可能用一道工序来满足其要求,而要用几道工序逐步达到所要求的加工质量。加工阶段的划分不是绝对的,必须根据工件的加工精度要求和工件的刚性确定。

1. 加工阶段的划分方法

按工序性质不同,零件的加工过程常可分为粗加工、半精加工、精加工和光整加工四个阶段。

(1)粗加工阶段。主要是切除毛坯上大部分多余的金属,使毛坯形状和尺寸上接近零件成品,因此,这一阶段主要以提高生产效率为主。

(2)半精加工阶段。使主要表面达到一定精度,留一定的精加工余量,为主要表面的精加工(如精车、精磨)做好准备。并可以完成次要表面加工,如扩孔、攻螺纹、铣键槽等。

(3)精加工阶段。为了保证各主要表面达到规定的尺寸精度和表面粗糙度要求,因此,以全面保证加工质量为主。

(4)光整加工阶段。对零件上精度和表面粗糙度要求很高(IT6级以上,粗糙度 Ra0.2 mm以下)的表面,需进行光整加工,该阶段的主要目的是提高表面质量,一般不能用于提高形状精度和位置精度。常用的加工方法有金刚车(镗)、研磨、超精加工、镜面磨、抛光及无屑加工等。

一般来说,工件精度要求越高、刚性越差,划分阶段应越细;当工件批量小、精度要求不高、工件刚性较好时也可以不分或少分阶段。重型零件由于输送及装夹困难,一般在一次装夹下完成粗精加工。

2. 加工阶段划分的目的

(1)保证加工质量。工件在粗加工时,切除的金属层较厚,切削力和夹紧力都比较大,切削温度也高,将引起较大的变形。若不划分加工阶段将粗、精加工混在一起,将引起加工的误差。另外按加工阶段也可将粗加工造成的加工误差通过半精加工和精加工来纠正,从而保证零件的加工质量。

(2)合理使用机床设备。粗加工余量大,切削用量大,可采用功率大、刚度好、效率高而精度低的机床。精加工切削力小,可采用高精度机床,以发挥设备的各自特点,这样既能提高生产效率,又能延长精密设备的使用寿命。

(3)及时发现毛坯缺陷。对毛坯的各种缺陷,如铸件的气孔、夹砂和余量不足等,在粗加工后就可以发现,便于及时修补或决定报废,以免继续加工造成工时浪费。

(4)便于安排热处理工序。例如,精密机床主轴在粗加工后要安排进行去除应力人工时效处理,以消除内应力。半精加工后要安排淬火,而在精加工后要安排高温回火等,最后再进行光整加工。

(四)工序的划分

零件在加工过程中安排工序数量的多少,可遵循工序集中或分散的原则来确定。工序集中就是零件的加工集中在少数工序内完成,而每一道工序的加工内容却很多;工序分散则相反,整个工艺过程中工序的数量多,每一道工序的加工内容却很少。

在拟定工艺路线时,工序集中还是分散,即工序数量是多还是少,主要却决于生产规模和零件的结构特点及技术要求。一般情况下,单件小批生产时,多将工序集中;大批生产时,既可采用多刀、多轴等高效机床将工序集中,也可将工序分散后组织流水线生产。

(五)工序的安排

加工工序通常包括切削加工工序、热处理工序和辅助工序等。这些工序的顺序直接影响到零件的加工质量、生产率和加工成本。因此，在设计工艺路线时，应合理地安排好切削加工、热处理和辅助工序的顺序。

1. 切削加工工序的安排

在制定工艺路线时，应根据零件不同种类、精度要求及技术要求合理地安排切削加工工序。应遵循的主要原则有以下几点。

(1)基面先行原则。用做精基准的表面，应优先加工。因为定位基准的表面越精确，装夹误差就越小，所以任何零件的加工过程，总是首先对定位基准面进行粗加工和半精加工，必要时，还要进行精加工。例如，轴类零件总是先加工中心孔，再以中心孔为基准加工外圆表面和端面；齿轮类零件总是先加工内孔及基准面，再以内孔及端面作为精基准，粗、精加工齿形面。

(2)先粗后精原则。各个表面的加工顺序按照粗加工→半精加工→精加工→光整加工的顺序依次进行，这样才能逐步提高加工表面的精度和减小表面粗糙度。

(3)先主后次原则。先安排零件的装配基准面和工作表面等主要表面的加工，后安排如键槽、紧固用的光孔和螺纹孔等次要表面的加工。由于次要表面加工工作量小，又经常与主要表面有位置精度要求，所以一般放在主要表面的半精加工之后、精加工之前。

(4)先面后孔原则。对于箱体、支架、连杆、底座等零件，先加工用做定位的平面和孔的端面，然后再加工孔。这样安排加工顺序，一方面是用加工过的平面定位稳定可靠，利于保证孔与平面的位置精度；另外一方面是加工过的平面上加工孔较容易，并能提高孔的加工精度，特别是钻孔，孔的轴线不易偏斜。

2. 热处理工序的安排

热处理可以提高材料的力学性能，改善金属的切削性能以及消除残余应力。在制定工艺路线时，应根据零件的技术要求和材料的性质，合理地安排热处理工序。

(1)退火与正火。退火或正火的目的是为了消除组织的不均匀，细化晶粒，改善金属的加工性能。对高碳钢零件用退火降低其硬度，对低碳钢零件正火提高其硬度，以获得适中的、较好的可切削性，同时消除毛坯制造中的应力。一般安排在机械加工之前进行。

(2)时效处理。以消除内应力、减少工件变形为目的。为了消除残余应力，在工艺过程中需安排时效处理。对于一般铸件，常在粗加工前或粗加工后安排一次时效处理。时效处理属于消除残余应力热处理。

(3)调质。对零件淬火后再高温回火，能消除内应力、改善加工性能并能获得较好的综合力学性能。一般安排在粗加工之后进行。对一些性能要求不高的零件，可作为最终热处理。

(4)淬火、渗碳淬火和渗氮。其主要目的是提高零件的强度、硬度和耐磨性，常安排在精加工(磨削)之前进行，以便通过精加工纠正热处理引起的变形。其中，渗氮由于热处理温度较低，零件变形很小，也可以安排在精加工之后，这种热处理方法为最终热处理。

3. 辅助工序的安排

检验工序是主要的辅助工序，除每道工序由操作者自行检验外，在粗加工之后、精加工之前，零件转换车间时以及重要工序之后和全部加工完毕、进库之前，一般都要安排检验工序。

四、工件的定位与基准

在数控加工中，首先要将工件安放在机床工作台上或夹具中，使其和刀具之间有相对的位置，该过程称为定位。工件定位后，还要将工件固定下来，使其在加工过程中保持定位位置不变,该过程称为夹紧。工件从定位到夹紧的整个过程称为安装。

正确安装后,机床、夹具、刀具和工件之间才能保证正确的相互位置关系,最后加工出合格的零件。

(一)六点定位原则

1. 工件的六个自由度

位于任意空间尚未定位的工件,相对于三个相互垂直的坐标平面,其空间位置是不确定的,均有六个自由度,如图 4-2 所示,即沿着空间坐标轴 X、Y、Z 三个方向上的移动和绕这三个坐标轴的转动,分别以 $\vec{X}$、$\vec{Y}$、$\vec{Z}$ 和 $\hat{X}$、$\hat{Y}$、$\hat{Z}$ 表示。

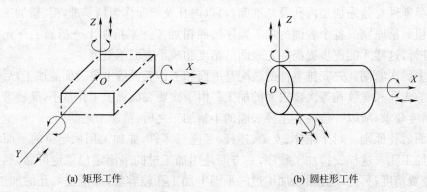

(a) 矩形工件　　　　　　　(b) 圆柱形工件

图 4-2　工件的六个自由度

2. 六个自由度的限制

定位就是限制自由度,要是工件在空间的位置完全确定下来,必须消除六个自由度。通常用一个固定的支承点限制工件的一个自由度,用合理分布的六个支承点限制工件的六个自由度,使工件在夹具中的位置完全确定下来,这就是六点定位原理。

这些用来限制工件自由度的固定点,称为支承点。图 4-3 所示长方体工件,欲使其完全定位,可以设置六个支承点,工件的三个面分别与这些点保持接触,在其底面设置三个不共线的点 1、2、3 即构成一个面,限制工件的三个自由度 $\vec{Z}$、$\hat{X}$、$\hat{Y}$;侧面设置两个点 4、5 成一条直线,限制了 $\vec{X}$、$\hat{Z}$ 两个自由度;端面设置了一个点 6,限制 $\vec{Y}$ 一个自由度,于是工件的六个自由度便都被限制了。一个定位支承点仅限制一个自由度,一个工件仅有六个自由度,所设置的定位支承点

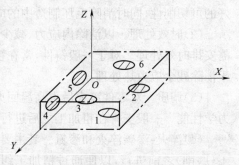

图 4-3　长方体工件定位

数目,原则上不应超过六个。定位支承点限制工件自由度的作用,应理解为定位支承点与工件定位基准面始终保持紧贴接触。若二者脱离,则意味着失去定位作用。

(二)工件定位方式

使用夹具装夹工件过程中,有完全定位、不完全定位、欠定位和重复定位四种定位方式。

(1)完全定位。工件的六个自由度全部被限制的定位称为完全定位。当工件在 X、Y、Z 三个坐标方向上均有尺寸要求或位置精度要求时,一般采用这种定位方式,如图 4-3 所示。

(2)不完全定位。根据某种定位方式,没有全部消除工件的六个自由度,而能满足加工要求的定位称为不完全定位。图 4-4 所示为在车床上加工通孔,根据加工要求,不需要限制 $\vec{X}$、$\hat{X}$ 两个自由度,故自动定心三爪卡盘夹持工件需限制四个自由度,以实现四点定位。

(3)欠定位。根据工件的加工要求,应该限制的自由度完全没有被限制的定位称为欠定位。欠定位无法保证加工要求,绝不允许的,例如,在铣床上加工槽,如果 $\vec{Z}$ 没有被限制,就不能保证槽底尺寸,如图 4-5 所示。

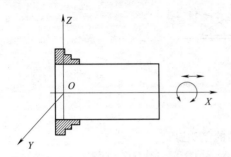
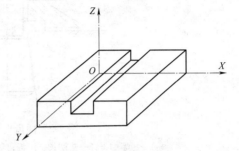

图 4-4　车床上加工通孔不完全定位　　　　　图 4-5　铣床上加工槽必须限制的自由度

(4)重复定位(过定位)。夹具上两个或两个以上的定位元件,重复限制工件的同一个或几个自由度的现象称为重复定位(过定位)。图 4-6 所示为长轴圆柱面与端面联合定位情况,由于大端限制 $\vec{X}$、$\hat{Y}$、$\hat{Z}$ 三个自由度,长轴圆柱面限制 $\vec{Y}$、$\vec{Z}$ 和 $\hat{Y}$、$\hat{Z}$ 四个自由度,可见 $\hat{Y}$、$\hat{Z}$ 被两个定位元件重复限制,出现过定位。

由于过定位往往会带来不良后果,一般设计定位方案时,应尽量避免。可对图 4-6 所示过定位进行改进,在工件与大端面之间加球面垫圈消除过定位,如图 4-7 所示。将大端面改为小端面消除过定位,从而避免过定位,如图 5-8 所示。

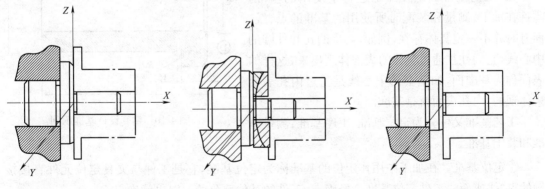

图 4-6　过定位示例　　　　图 4-7　大端面加球面垫圈　　　　图 4-8　大端面改为小端面

重复定位是否采用,要根据具体情况而定。当重复定位不影响工件的正确位置,对提高加工精度有利时,也可以采用。图 4-9 所示的插齿夹具是使用过定位装夹方式的典型实例,其前提是齿坯加工时必须已经保证了作为定位基准用的内孔和端面具有很高的垂直度,而且夹具上的定位心轴和支承凸台之间也保证了很高的垂直度。此时,不必刻意消除被重复限制的 $\hat{X}$、$\hat{Y}$ 自由度,利用过定位装夹工件,还提高了齿坯在加工中的刚性和稳定性,有利于保证加工精度,从而可以获得良好的效果。

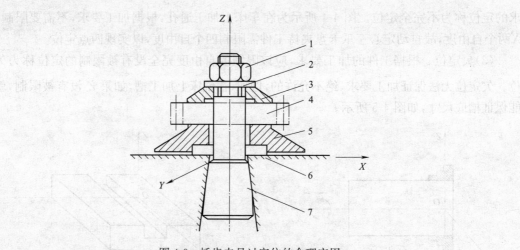

图 4-9　插齿夹具过定位的合理应用

1—压紧螺母;2—垫圈;3—压板;4—工件;5—支承凸台;6—工作台;7—心轴

（三）基准及其选择

1. 基准的分类

基准是零件上用来确定其他点、线、面位置所依据的那些点、线、面。按其功能不同,基准可分为设计基准和工艺基准两大类。

（1）设计基准。是零件图上所采用的基准,它是标注设计尺寸的起点。图 4-10 所示零件的钻套零件,轴心线是外圆和内孔的设计基准,也是跳动误差的设计基准,端面 A 是端面 B、端面 C 的设计基准。

（2）工艺基准。是在加工过程中使用的基准。零件在加工、测量和装配时所使用的基准的点、线、面有时并不一定具体存在,例如,典型的孔和外圆的中心线,它们往往通过具体的表面体现出来,这样的表面称为基准面,如钻套的中心线是通过内孔表面来体现的,内孔表面就是基准面。

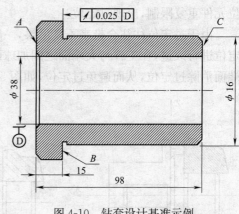

图 4-10　钻套设计基准示例

工艺基准又可分为定位基准、工序基准、测量基准和装配基准。

①定位基准。在加工中用作定位的基准称为定位基准,它是工件与夹具定位元件直接接触的点、线或面。工件定位基准一经确定,工件的其他部分的位置也就确定。

例如,车削一轴类,用三爪卡盘装夹工件时,定位基准是工件外圆。用双顶尖装夹时,定位基准面是工件的两中心孔,定位基准则是轴的中心线。

②工序基准。在工序图上,用来标定工序被加工面尺寸和位置所采用的基准称为工序基准。它是某一工序所要达到加工尺寸(即工序尺寸)的起点。工序基准应当尽量与设计基准相重合,当考虑定位基准或试切测量方便时,也可以与定位基准或测量基准相重合。

③测量基准。零件测量时所采用的基准称为测量基准。图 4-10 中若将钻套内孔套在心

轴上测量外圆的径向跳动，则内孔表面是测量基准面，孔的中心线就是外圆的测量基准。用游标卡尺测量钻套长度 98 和 15 两个尺寸，则端面 A 是端面 B、端面 C 的测量基准。

④装配基准。装配时用以确定零件在机器中位置的基准称为装配基准。图 4-10 中钻套外圆 $\phi16$ 及端面 B 即是装配基准。

2. 定位基准的选择

定位基准分为粗基准和精基准。用作定位的表面，若是没有经过加工的毛坯表面，称为粗基准；若是已加工过的表面，则称为精基准。

定位基准的选择与加工工艺过程的定制密切相关。因此对定位基准的选择要多定制一些方案，然后进行比较分析，这样对保证加工精度和确定加工顺序有着决定性的作用。

（四）工件定位方式和定位元件

工件在夹具中的定位是通过定位支承点转化为具有一定结构的定位元件，再将其与工件相应的定位基准面相接触或配合而实现。一般应根据工件上定位基准面的形状，选择相应的定位元件。而定位表面分为以平面定位、以内圆柱孔定位、以外圆柱面定位和以组合表面定位四种方式。由于定位方式的不同，所采用的定位元件也不同。

1. 以平面定位

工件以平面定位基准定位时，常用定位元件有固定支承、可调支承、自位支承和辅助支承四类。

（1）固定支承

固定支承有支承钉和支承板两种形式。支承钉如图 4-11 所示。当工件以加工过的平面定位时，可采用平头支承钉 A 型。当工件以粗糙不平的毛坯面定位时，可采用球头支承钉 B 型，使其与毛坯良好接触，这种支承钉是点接触，在使用过程中容易磨损。齿纹头支承钉 C 型，常用在工件侧面，能增加接触面积的摩擦力，防止工件滑动。

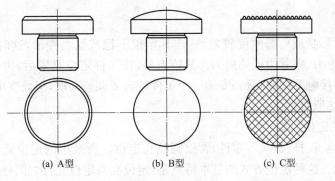

(a) A型　　　　　(b) B型　　　　　(c) C型

图 4-11　支承钉

当工件以精基准面定位时，除采用上述平头支承钉外，还常采用图 4-12 所示的支承板作为定位元件。A 型支承板的结构简单，便于制造加工，但不利于清除切屑，故适用于顶面和侧面定位；B 型支承板则易保证工作表面清洁，故适用于底面定位。

（2）可调支承。

可调支撑是指支承的高度可以进行调节的支承，其结构有三种类型，如图 4-13(a)、(b)、(c)所示。调节时松开螺母，将调整钉调到所需高度，再拧紧螺母即可。调整时先松后调，调好后用防松螺母拧紧。常用于工件以粗基准面定位，或定位基准面的形状复杂，如成形面、台阶面等，或每次毛坯尺寸、形状变化较大的场合。

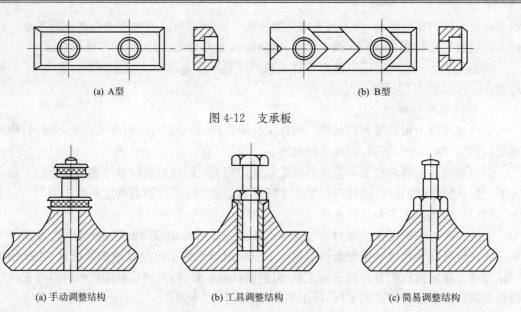

(a) A型　　　　　　　　　　　　　　　　　　(b) B型

图 4-12　支承板

(a) 手动调整结构　　　　　(b) 工具调整结构　　　　　(c) 简易调整结构

图 4-13　可调支撑结构

（3）自位支承

工件在定位过程中，既能随工件定位基准位置的变化自动调节，又能避免过定位，常把支承做成浮动或联动的结构，称为自位支承。其作用相当于一个固定支承，只限制一个自由度。由于增加了接触点数，可提高工件的装夹刚度和稳定性，但夹具结构稍复杂。自位支承一般适用于毛面定位或刚性不足的场合，如图 4-7 所示的大端面加球面垫圈的支承就属于一种自位支承。

（4）辅助支承

由于工件尺寸形状或局部刚度较差，造成其定位不稳或受力变形，这时需要增设辅助支承，用以承受工件重力、夹紧力或切削力。其特点是：待工件定位夹紧后，再调整辅助支承，使其工件的有关表面接触并锁紧，且每安装一个工件就需要调整一次，但此支承不限制工件的自由度，也不允许破坏原有定位。

2. 以内圆柱孔定位

各类套筒、盘类、杠杆、拨叉等零件，常以圆柱孔定位。所采用的定位元件有圆柱定位销、圆锥定位销和心轴。这种定位方式的基本特点是：定位孔与定位元件之间处于不配合状态，并要求确保孔中心线与夹具规定的轴线重合。孔定位还经常与平面定位联合使用。

（1）圆柱定位销

圆柱定位销结构如图 4-14 所示。图 4-14(a)、(b)、(c)所示为最简单的定位销，用于不经常需要更换的场合。图 4-14(d)所示为带衬套可换式定位销。定位销可分为短销和长销。短销只能限制两个自由度，而长销除限制两个移动自由度外，还可以限制两个转动自由度。

（2）圆锥定位销

采用圆锥定位销如图 4-15 所示，圆锥定位销与工件圆孔的接触线为一个圆，相当于三个止推定位支承，限制了工件的三个自由度($\vec{X}$、$\vec{Y}$、$\vec{Z}$)。图 4-15(a)所示的图形常用于粗基准，图 4-15(b)所示的图形常用于精基准。工件以单个圆锥销定位时易倾斜，因此在定位时可以成对

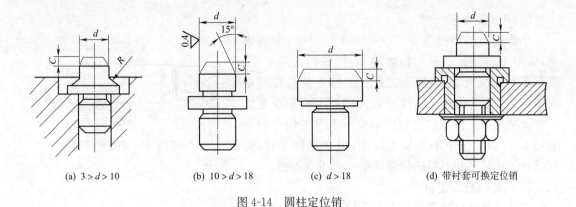

(a) 3 > *d* > 10　　　　(b) 10 > *d* > 18　　　　(c) *d* > 18　　　　(d) 带衬套可换定位销

图 4-14　圆柱定位销

使用,或与其他定位元件配合使用。图 4-16 所示为采用圆锥销组合定位,均限制了工件的五个自由度。

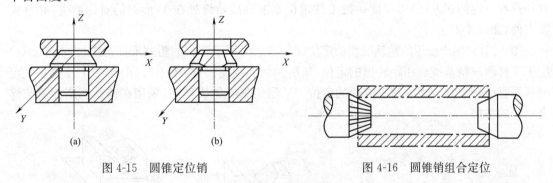

(a)　　　　　　　　　　　(b)

图 4-15　圆锥定位销　　　　　　　　　　图 4-16　圆锥销组合定位

(3)圆柱心轴

圆柱心轴其定位有间隙配合和过盈配合两种。间隙配合拆卸方便,但定心精度不高;过盈配合定心精度高,可不设夹紧装置,但装卸工件不方便。心轴主要用于套筒类和空心盘类工件的车、铣、磨及齿轮加工。图 4-17 所示为间隙配合圆柱心轴;图 4-18 所示为过盈配合圆柱心轴;图 4-19 所示为弹性圆柱心轴。

图 4-17　间隙配合圆柱心轴　　　　　　图 4-18　过盈配合圆柱心轴

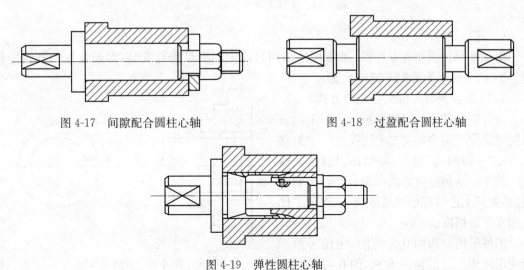

图 4-19　弹性圆柱心轴

（4）小锥度心轴

小锥度心轴锥度为 $1:1\,000\sim1:5\,000$，制造容易，如图 4-20 所示。定心精度较高，但轴向无法定位，能承受的切削力小，装卸不方便。工件安装时轻轻敲入或压入，通过孔和心轴接触表面的弹性变形来夹紧工件。适用于工件定位孔精度不低于 IT7 的精车和磨削加工，一般情况下不能加工端面，但必须加工时，也可以在工件端部相对应的位置切削一小段空刀槽。

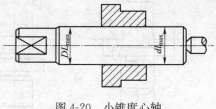

图 4-20　小锥度心轴

3. 以外圆柱面定位

工件以外圆柱面定位有支承定位和定心定位两种。

（1）支承定位

支撑定位最常见的是 V 形架定位，其最大优点是对中性好，即使作为定位基准面的外圆直径存在一定的误差，仍可保证一批工件定位基准轴线始终处在 V 形架的对称面上，并且安装方便，如图 4-21 所示。

图 4-21(a)用于较短的精基准面的定位，图 4-21(b)用于较长的粗基准面的定位，图 4-21(c)用于工件两段精基准面相距较远的定位，如阶梯轴的圆柱面等，图 4-21(d)用于工件较长且定位基面直径较大且较短的精基准面的定位。V 形架不必做成整体，采用在铸铁底座上镶装淬火钢垫的结构。

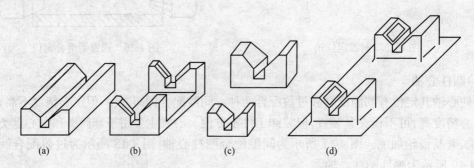

(a)　　　　(b)　　　　(c)　　　　(d)

图 4-21　支撑定位所用的 V 形架

（2）定心定位

由于外圆柱面具有对称性，可方便地采用自动定心夹具进行安装，如最常见的开缝定位套。图 4-22 所示为紫铜开缝定位套。

4. 以组合表面定位组合定位方式

组合定位是工件以两个或两个以上的表面同时定位。组合的方式很多，生产中最常见的是"一面两孔"定位，如箱体、杠杆、盖板等的加工。这种定位方式简单、可靠、夹紧方便，易做到工艺过程中的基准统一，保证工件的相互位置精度。

工件采用一面两孔定位时，定位平面一般使用已加工过的精基准面，两孔可以是工

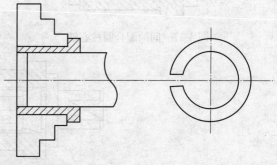

图 4-22　开缝定位套

件结构上原有的,也可以是为定位需要专门设置的工艺孔。

相应的定位元件是大支承板和两定位销。图 4-23 所示为采用一面两孔定位的示意图,两个短圆柱销限制了工件四个自由度,大支撑板又限制工件三个自由度,可见这时产生了过定位。为了消除过定位,将其中一个圆柱销做成削边销,削边销将不限制自由度。同时为了保证削边销的强度,一般多采用菱形结构,故又称菱形销。图 4-24 所示为常用的削边销结构。安装削边销时,削边方向应垂直于两销的连心线。

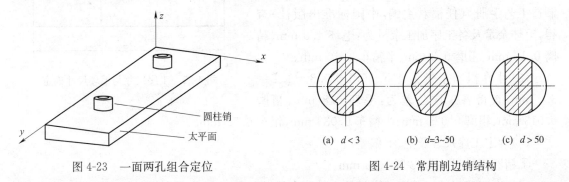

图 4-23　一面两孔组合定位　　　　　　　图 4-24　常用削边销结构

其他组合定位方式,如齿轮加工中常用的以一孔及其端面的定位,有时也会采用 V 形导轨、燕尾导轨等组合成形表面作为定位基面。

（五）定位误差

定位误差是指在夹具上定位时将产生的误差,是由于零件被加工表面的设计基准在加工方向上的位置不定性而引起的一项工艺误差,即被测要素在加工方向上的最大变动量。造成定位误差的原因如下:

（1）定位基准与工序基准不重合。

（2）定位基准的位移误差。

（3）减少定位误差的一般措施。

（4）采用加工面的设计基准作为定位基准面

（5）提供夹具的制造、安装精度及刚性,特别是提高夹具的工件定位基准面的制造精度。

（6）如若加工面的设计基准与定位基准面不同,应提高加工面的设计基准与定位基准面间的位置测量精度。

五、数控加工的工序尺寸及公差

由于零件加工的需要,在工序图或工艺规程中要标注一些专供加工用的尺寸,这些尺寸称为工序尺寸。工序尺寸在加工与装配过程中总是相互关联,它们彼此有着一定的内在联系,往往一个尺寸的变化会引起其他尺寸的变化,或一个尺寸的获得须由其他一些尺寸来保证,因此工序尺寸及公差一般不能直接采用零件图上的尺寸,而需要另外处理计算。

（一）工序尺寸及公差

1. 基准重合时工序尺寸及公差的确定

当定位基准与设计基准（工序基准）重合时,可根据零件的具体要求确定其加工路线,再通过查表或相关工艺手册来确定各道工序的加工余量及公差,然后计算出各工序尺寸及公差。计算顺序是:先确定各工序余量的基本尺寸,再由后往前逐个工序推算,即从工件的设计尺寸开始,由最后一道工序向前工序推算直到毛坯尺寸。

例 1　材料 45 号钢,试确定其工序尺寸与毛坯尺寸。如图 4-25 所示。

解:(1)确定加工工路线。根据表面粗糙度要求,查表 4-2 所示确定工艺路线为:粗车→半精车→粗磨→精磨。

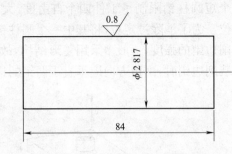

(2)查表确定各工序余量及工序公差。从《机械制造工艺手册》(任福君主编,中国标准出版社)查得,毛坯余量及各工序加工余量为:毛坯 4.5 mm、精磨 0.10 mm、粗磨 0.3 mm、半精车 1.10 mm。

(3)计算粗车余量为 $4.5-0.1-0.3-1.1=3.0$ mm,查得各工序公差为:毛坯 0.8 mm、精磨 0.013 mm、粗磨 0.021 mm、半精车 0.033 mm、粗车 0.52 mm。

图 4-25　工序尺寸与毛坯尺寸确定

(4)确定工序尺寸及上、下偏差。

①精磨工件尺寸为:$\phi 28_{-0.013}^{0}$ mm。

②粗磨工序尺寸=精磨工序尺寸+精磨余量,即:$\phi 28_{-0.013}^{0}+0.1=\phi 28.1_{-0.021}^{0}$ mm。

③半精车工序尺寸=粗磨工序尺寸+粗磨余量,即 $\phi 28.1_{-0.033}^{0}+0.3=\phi 28.4_{-0.033}^{0}$ mm。

④粗车工序尺寸=半精车工序尺寸+半精车余量,即 $\phi 28.4_{-0.033}^{0}+1.1=\phi 29.5_{-0.033}^{0}$ mm。

⑤毛坯直径尺寸=(工件基本尺寸+毛坯余量)±毛坯工序公差/2,即 $\phi 28+4.5\pm0.4=\phi 32.5\pm0.4$。

2. 基准不重合时工序尺寸及公差的确定

当定位基准与设计基准(工序基准)不重合时,工序尺寸及公差的确定比较复杂,需用工艺尺寸链来分析计算工序尺寸与公差。

(二)工艺尺寸链

在零件加工或装配过程中,相互联系且按一定顺序排列的封闭尺寸组合称为尺寸链。其中由单个零件在加工过程中的各有关工艺尺寸所组成的尺寸链称为工艺尺寸链。

组成尺寸链的各个尺寸称为尺寸链的环。其中,在装配或加工过程中最终被间接保证精度的尺寸称为封闭环,其余尺寸称为组成环。

组成环可根据其对封闭环的影响性质分为增环和减环。若其他尺寸不变,那些由于本身增大而封闭环也增大的尺寸称为增环,而那些由于本身增大而封闭环减小的尺寸则称为减环,并用尺寸或符号标注在示意图上,如图 4-26(a)所示。图中尺寸 A_1、A_0 为设计尺寸,先加工 A 面与外圆,掉头加工端面得到总长度尺寸 A_1,车削加工 A_2,于是该零件在加工时并未直接予以保证的尺寸 A_0 就随之确定。这样相互联系的尺寸 $A_1-A_2-A_0$ 就构成图 4-26(b)所示的封闭尺寸组合,即工艺尺寸链,这里 A_0、A_1、A_2、A_3…都是“环”。其中,尺寸链中在装配过程或加工过程后自然形成的一环称为封闭环,用下角标 0 表示。尺寸链中对封闭环有影响的全部环称为组成环。组成环的下角标用数字 1、2、3、…表示。在尺寸链中某一类组成环增大(或减小)引起封闭环随之增大(或减小)的组成环为增环,图 4-26(b)中的 A_1 即为增环。在尺寸链中其他组成环不变,该环增大(或减小)使封闭环随之减小(或增大)的组成环为减环,图 4-26(b)中的 A_2 即为减环。

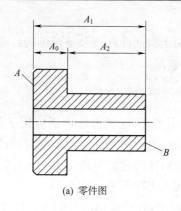 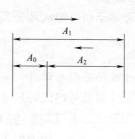

(a) 零件图　　　　　　　　　　(b) 尺寸链简图

图 4-26　尺寸链标注方法

尺寸链的主要特征有以下两点：

(1)封闭性：尺寸链中各尺寸首尾相接而排列成封闭状。

(2)关联性：尺寸链中任何一个直接获得的尺寸及变化都将间接保证其他尺寸及其精度变化。

(三)工艺尺寸链计算

(1)封闭环的基本尺寸

环的基本尺寸等于所有增环的基本尺寸之和减去所有减环的基本尺寸之和,即：

$$A_0 = \sum_{i=1}^{m} A_i - \sum_{j=m+1}^{n-1} A_j$$

式中　A_0——封闭环的尺寸；

　　　A_i——增环的基本尺寸；

　　　A_j——减环的基本尺寸；

　　　m——增环的环数；

　　　n——包括封闭环在内的尺寸链的总环数。

(2)封闭环的极限尺寸

封闭环的最大极限尺寸等于所有增环的最大极限尺寸之和减去所有减环的最小极限尺寸之和；封闭环的最小极限尺寸等于所有增环的最小极限尺寸之和减去所有减环的最大极限尺寸之和。故极值法也称为极大极小法,即：

$$A_{0\max} = \sum_{i=1}^{m} A_{j\max} - \sum_{j=m+1}^{n-1} A_{j\min}$$

$$A_{0\min} = \sum_{i=1}^{m} A_{j\max} - \sum_{j=m+1}^{n-1} A_{j\min}$$

(3)封闭环的偏差

封闭环的上偏差等于所有增环的上偏差之和减去所有减环的下偏差之和；封闭环的下偏差等于所有增环的下偏差之和减去所有减环的上偏差之和,即：

$$ES_{A_0} = \sum_{i=1}^{m} ES_{A_i} - \sum_{j=m+1}^{n-1} EI_{A_j}$$

$$EI_{A_0} = \sum_{i=1}^{m} EI_{A_i} - \sum_{j=m+1}^{n-1} ES_{A_j}$$

（4）封闭环的公差

封闭环的公差等于所有组成环公差之和（用于验证计算结果是否正确），即：

$$T_{A_0} = \sum_{i=1}^{m} T_{A_i}$$

（四）工艺尺寸链的分析与计算

已知封闭环尺寸和部分组成环尺寸求某一组成环，这种方法广泛应用于加工过程中基准不重合时计算工序尺寸。采用调整法加工零件时，若所选定的定位基准与设计基准不重合，那么该加工表面的设计尺寸就不能由加工直接得到，这时就需要进行工艺尺寸链的换算，以保证设计尺寸的精度要求，并将计算的工序尺寸标注在工序图上。

例2   图 4-27(a)所示为零件图，画出尺寸链图，并计算轴向右侧开口尺寸。

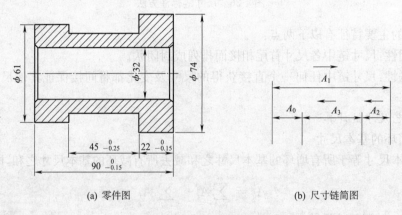

(a) 零件图   (b) 尺寸链简图

图 4-27   尺寸链计算

解：由图 4-27(a)所示的零件图可知轴向右侧开口尺寸为封闭环。

画出尺寸链如图 4-27(b)所示，判定各组成环的增减情况，尺寸 $90_{-0.15}^{\ 0}$ 是增环，尺寸 $22_{-0.15}^{\ 0}$、$45_{-0.25}^{\ 0}$ 是减环。

（1）封闭环的基本尺寸

封闭环的最大极限尺寸等于所有增环的最大极限尺寸之和减去所有减环的最小极限尺寸之和，即 $A_0 = A_1 - A_2 - A_3 = 90 - 22 - 45 = 23$ mm。

（2）封闭环的极限尺寸

封闭环的最大极限尺寸等于所有增环的最大极限尺寸之和减去所有减环的最小极限尺寸之和，即 $A_{0\max} = 90 - (22 - 0.15) - (45 - 0.25) = 90 - 21.85 - 44.75 = 23.4$ mm。封闭环的最小极限尺寸等于所有增环的最小极限尺寸之和减去所有减环的最大极限尺寸之和，即 $A_{0\min} = (90 - 0.15) - 45 - 22 = 22.85$ mm。

（3）封闭环的偏差

封闭环的上偏差等于所有增环的上偏差之和减去所有减环的下偏差之和，即：$ES_{A_0} = 0 - (-0.15 - 0.25) = 0.4$ mm，封闭环的下偏差等于所有增环的下偏差之和减去所有减环的上偏差之和，即 $EI_{A_0} = -0.15 - 0 - 0 = -0.15$ mm。

（4）验算封闭环的公差

封闭环的公差等于所有组成环公差之和，即：

封闭环 $T_{A_0}=0.4-(-0.15)=0.55$。

组成环 $T_1+T_2+T_3=0.15+0.15+0.25=0.55$。计算正确。

所以轴向右侧开口尺寸封闭环间的尺寸为 $23^{-0.4}_{-0.15}$ mm。

例3 图 4-28(a)所示为轴套零件,其中在数控机床上已经将外圆、内孔及两端面加工完毕,现铣加工右侧台阶面,应保证 $17^{+0.26}_{0}$ mm,加工时以右侧端面为定位基准。尺寸链如图4-28(b)所示。试求刀具调整尺寸 X。

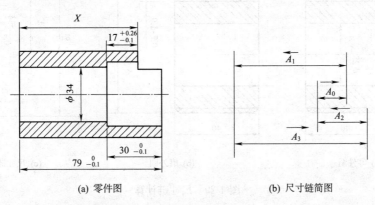

(a) 零件图　　　　　　　　　(b) 尺寸链简图

图 4-28　尺寸链计算

解:由图 4-28(a)所示的零件图可知尺寸 $17^{+0.26}_{0}$ 为间接得到的尺寸,即为闭环。

由图 4-28(b)所示的尺寸链简图判定各组成环的增减情况,尺寸 $A_1=X$、$A_2=0^{0}_{-0.1}$ 是增环,$A_3=9^{0}_{-0.1}$ 是减环。

(1)封闭环的基本尺寸

封闭环的基本尺寸等于所有增环的基本尺寸之和减去所有减环的基本尺寸之和。

根据公式有 $A_0=A_1+A_2+A_3$,即 $A_1=A_0+A_3-A_2=17+79-30=60$ mm。

(2)封闭环的极限尺寸

封闭环的最大极限尺寸等于所有增环的最大极限尺寸之和减去所有减环的最小极限尺寸之和,即 $17+0.26=X+30-(79-0.1)$,所以 $X=66.16$ mm。封闭环的最小极限尺寸等于所有增环的最小极限尺寸之和减去所有减环最大极限尺寸之和,即 $17=X+29.9-79$,所以 $X=66.1$ mm。

(3)封闭环的偏差

封闭环的上偏差等于所有增环的上偏差之和减去所有减环的下偏差之和,即

$$0.26=ES_1+0-(-0.1)\quad ES_1=0.16$$

封闭环下偏差等于所有增环的下偏差之和减去所有减环的上偏差之和,即

$$0=EI_1-0.1-0\quad EI_1=0.1 \text{ mm}$$

(4)验算封闭环的公差

封闭环的公差等于个组成环公差之和,即

$$T_{A_0}=0.16-0.1=0.06 \text{ mm}$$

组成环 $T_1+T_2+T_3=(0.16+0.1)+(0-0.1)+(0-0.1)=0.06$ mm,计算正确。

答:当以右端面定位时,刀具调整尺寸 $X=66^{+0.16}_{+0.1}$ mm。

例4 图 4-29(a)所示为渗碳轴套类零件,零件渗碳或渗氮以后,表面一般要经过磨削保

证尺寸精度,同时要求磨后留有规定的渗层深度。这就要求进行渗碳或渗氮热处理时,保证应有的渗碳或渗氮层深度尺寸,一定要按渗层深度及公差进行计算。

其加工过程为:车削外圆至 $\phi 54_{-0.04}^{0}$ mm,渗碳淬火后磨外圆至 $\phi 54_{-0.02}^{0}$,试计算热处理时渗碳工序的渗碳深度应控制的范围(单边量)。

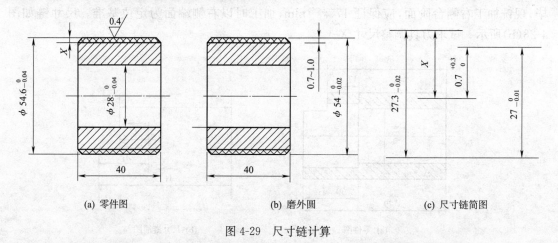

(a) 零件图   (b) 磨外圆   (c) 尺寸链简图

图 4-29　尺寸链计算

解:由题意可知,磨后保证渗碳层深度 $0.7_{0}^{+0.3}$ mm(A_0)间接得到的尺寸,即封闭环。由图 4-29(c)所示可知:其中热处理时渗碳层的深度 $X(A_1)$、$27_{-0.01}^{0}$ mm(A_2)为增环,$27_{-0.02}^{0}$ mm(A_3)为减环。

(1)封闭环的基本尺寸

封闭环的基本尺寸等于所有增环的基本尺寸之和减去所有减环的基本尺寸之和。

根据公式有 $A_0 = A_1 + A_2 - A_3$,即 $A_1 = A_0 + A_3 - A_2 = 0.7 + 27.3 - 27 = 1$ mm。

(2)封闭环的基本尺寸

封闭环的最大极限尺寸等于所有增环的最大极限尺寸之和减去所有减环的最小极限尺寸之和,即 $1 = X + 27 - 27.28$,所以 $X = 1.28$ mm。封闭环的最小极限尺寸等于所有增环的最小极限尺寸之和减去所有减环的最大极限尺寸之和,即 $0.7 = X + 26.99 - 27.3$,所以 $X = 1.01$ mm。

(3)封闭环的偏差

封闭环的上偏差等于所有增环上偏差之和减去所有减环下偏差之和。即

$$0.3 = ES_1 + 0 - (-0.02) \quad ES_1 = 0.28 \text{ mm}$$

封闭环的下偏差等于所有增环的下偏差之和减去所有减环的上偏差之和。即

$$0 = EI_1 + (-0.01) - 0 \qquad EI_1 = 0.01 \text{ mm}$$

因此 $X = 1_{+0.01}^{+0.28}$ mm,即热处理时渗碳工序的渗碳深度应控制在 1.28~1.01 之间。

六、机械加工工艺规程的定制

(一)机械加工工艺规程

1. 工艺规程

规定产品或零部件制造的工艺过程和操作方法等的工艺文件称为工艺规程。它是经技术部门审批后按规定组织填写的图表,或用文字形式书写成的指导生产工艺文件。

2. 工艺规程包括的内容

(1)零件加工的工艺路线。

(2)各工序的具体加工内容。

(3)各工序所用的机床及工艺装备。

(4)切削用量及工时定额等。

3. 工艺规程的作用

一个零件的机械加工工艺过程通常是多种多样,这就必须根据产品的要求和具体的生产条件进行分析比较,选择其中最合理的一个机械加工工过程进行生产。最合理的机械加工工艺过程需用文件的形式固定下来,它是指导生产、组织生产、管理生产的主要工艺文件,是加工、质检、生产调度与安排的主要因素。

4. 工艺规程的编制依据

(1)首先分析研究装配图和零件图,熟悉整台产品的用途、性能和工作条件,了解零件在产品中的作用、位置和装配关系,然后对零件图样进行分析。

(2)产品生产类型与生产纲领。是采用单件生产、成批生产还是大批量生产,不同的生产类型决定了产品的加工制造方法。

(3)现有的生产条件和工艺资料状况。其中包括毛坯的生产条件或协作关系、工艺装备及专用设备的制造能力、加工设备和工艺装备的规格性能、工人的技术水平以及各种工艺资料和标准等。

(4)对比分析国内外同类产品的有关工艺资料等。

(5)产品验收的质量标准。

5. 制定工艺规程的方法与步骤

(1)对零件的结构、加工工艺分析。明确各项技术要求对装配质量和使用性能的影响,找出主要的和关键的技术要求,从而确定出零件制造的可行性和经济性。

(2)确定毛坯的种类和尺寸。常用的毛坯种类有铸件、锻件、型材、焊接件等。毛坯的制选方法越先进,毛坯精度越高,其形状和尺寸越接近零件成品零件。因此,在确定毛坯时应当综合考虑各方面因素,以达到最佳效果。

(3)拟定零件的加工工艺路线。主要包括选择各加工表面的加工方法、划分加工阶段、划分工序以及安排工序的先后顺序等,结合实际生产条件,提出几种方案,通过对比分析,从中选择最佳的加工工艺。

(4)工序设计。针对数控机床高度自动化、自适应性差的特点,要充分考虑到加工过程中的每一个细节,设计必须严密。主要包括每一道工序对机床、夹具、刀具及量具的选择,装夹方案、走刀路线、加工余量、工序尺寸及其公差、切削用量的确定等。

(5)填写工艺文件。将工艺规程的内容填入一定格式的卡片中,即成为生产准备所依据的工艺文件。主要包括机械加工工艺过程卡片、机械加工工艺卡片、机械加工工序卡片、数控加工工序卡片、数控加工刀具卡片等。

(二)数控加工工艺文件

将工艺规程的内容填入一定格式的卡片中,就是生产准备和施工所依据的工艺文件。常见的工艺文件包括以下几种。

1. 机械加工工艺过程卡片

此类卡片主要列出了整个零件加工所经过的工艺路线(包括毛坯、机械加工和热处理等),它是制定其他工艺文件的基础,也是生产技术准备、编制作业计划和组织生产的依据。由于他对各个工序的说明不够具体,故适用于生产管理,见表 4-5。

表 4-5　机械加工工艺过程卡片

机械加工工艺过程卡片		产品型号		零件图号		合同号	共　　页
		产品名称		零件名称			第　　页
材料牌号		毛坯种类		毛坯外形	毛坯件数		备注
分厂	工序号	工步号	作业内容	设备	工艺设备		备注
					编号(规格)	名称	
标记	处数	通知单编号	签字	日期	设计	审核	会签	批准日期

2. 机械加工工艺卡片

此类卡片是以工序为单位详细说明整个工艺过程的一种工艺文件,其作用是用来指导工人生产和帮助车间管理员、技术员掌握整个零件的加工过程,广泛应用于成批生产的零件和小批生产的重要零件,见表 4-6。

表 4-6　机械加工工艺卡片

机械加工工艺卡片		产品型号		零件图号		合同号	共　　页
		产品名称		零件名称			第　　页
材料牌号		毛坯种类		毛坯外形	毛坯件数		备注
工序简图		分厂	工序号	工步号	作业内用	设备	工艺装备
标记	处数	通知单编号	签字	日期	设计	审核	会签	批准日期

3. 机械加工工序卡片

此类的卡片的作用是用来具体指导工人在机床上加工时进行操作的一种工艺文件。它根据工艺卡片上的每道工序来制订,广泛用于大批大量生产的零件和成批生产的重要零件,见表4-7。

表 4-7 机械加工工序卡

机械加工工艺卡片		产品型号		零件图号		合同号		共 页
		产品名称		零件名称				第 页
材料牌号		毛坯种类		毛坯外形		毛坯件数		备注
夹具名称及编号		辅助名称及编号		设备名称及编号			切削液	
工步号	工步内容	工艺装备		主轴转速/(r/min)	切削速度/(m/min)	进给量/(mm/min)	切削深度/mm	
		编号	名称					
标记	处数	通知单编号	签字	日期	设计	审核	会签	批准日期

4. 数控加工工艺卡片

此类卡片是编制加工程序的主要依据和操作人员配合数控程序进行数控加工的主要指导件工艺文件。当工序内容不十分复杂时,可将工序图画在工序卡片上,见表4-8。

表 4-8 数控加工工艺卡片

机械加工工艺卡片		产品型号		零件图号		合同号		共 页
单位		产品名称		零件名称				第 页
机床型号		机床名称		夹具编号		夹具名称		切削液
工序号		工序名称				程序编号		备注
工步号	作业内容			刀具号	刀具规格	主轴转速/(r/min)	进给速度/(mm/min)	背吃刀量/mm
标记	处数	通知单编号	签字	日期	设计	审核	会签	批准日期

5. 数控加工刀具卡片

此类卡片是组装刀具和调整刀具的依据。它主要包括刀具号、刀具名称、刀柄号、刀具的直径和长度等内容,见表 4-9。

表 4-9 数控加工刀具卡片

机械加工工艺卡片		产品型号		零件图号		合同号		共　页
单位		产品名称		零件名称				第　页
机床型号		机床名称	调刀设备型号			调刀工		
程序编号		工序号	工序名称			磨刀工		
序号	刀具号(H)	刀具规格、名称及标准号	刀柄型号	刀具补偿量 长度值地址(D)	半径值地址(D)	刀具简图	工步号	备注
标记	处数	通知单编号	签字	日期	设计	审核	会签	批准日期

6. 数控加工零件装卡简图

此类简图是对零件在机床上加工装夹的工艺简图,见表 4-10。

表 4-10 数控加工零件装卡简图

数控加工零件装卡简图		产品型号		零件图号		合同号		共　页
单位		产品名称		零件名称				第　页
机床型号		机床名称	夹具编号		夹具名称		程序编号	
标记	处数	通知单编号	签字	日期	设计	审核	会签	批准日期

7. 数控机床调整卡片

此类卡片是机床操作人员加工前调整机床和安装工件的依据,见表 4-11。

表 4-11 数控机床调整卡片

数控加工零件装卡简图		产品型号		零件图号		合同号		共 页	
单位		产品名称		零件名称				第 页	
机床型号		机床名称	夹具编号		夹具名称		程序编号		
工装调整									
工件原点位置说明									
所用标准程序									
特殊补偿									
程序选用参数									
其他									
标记	处数	通知单编号	签字	日期		设计	审核	会签	批准日期

8. 数控加工刀具运动轨迹图

此类轨迹是合理编制加工程序的条件,为了防止在数控加工过程中刀具与工件、夹具发生碰撞,在工艺文件里难以说清,因此用刀具运动的轨迹路线来说明,见表 4-12。

表 4-12 数控加工刀具运动轨迹图

数控加工刀具运动轨迹图		产品型号		零件图号		合同号		共 页	
单位		产品名称		零件名称				第 页	
程序编号		轨迹起始句			轨迹起始句				
刀具号		工步号		作业内容					
标记	处数	通知单编号	签字	日期		设计	审核	会签	批准日期

9. 数控加工程序单

此类程序单是编程人员根据工艺分析、数值计算,按照机床系统特定的指令代码编制的。它是记录数控加工工艺过程、工艺参数、位移数据清单以及手动输入实现数控加工的主要依据,见表 4-13。

表 4-13　数控加工程序单

数控加工程序单		产品型号		零件图号		合同号		共　　页
单位		产品名称		零件名称				第　　页
机床型号	机床名称	夹具编号		夹具名称		切削液		
工序号	工序名称							
程序编号		存盘路径及名称						
语句编号		语句内容					备　注	
标记	处数	通知单编号	签字	日期	设计	审核	会签	批准日期

七、复习题

1. 名词解释

基准、工序、数控加工、数控加工工艺、生产纲领、生产类型、六点定位原则、定位误差、工序尺寸、尺寸链。

2. 选择题

(1)工件在两顶尖间装夹时,可限制(　　)自由度。

A. 三个　　　　　　　　B. 四个　　　　　　　　C. 五个　　　　　　　　D. 六个

(2)工件在小锥体心轴上定位,可限制(　　)自由度。

A. 四个　　　　　　　　B. 五个　　　　　　　　C. 六个　　　　　　　　D. 三个

(3)工件定位时,被消除的自由度少于六个,且不能满足加工要求的定位称为(　　)。

A. 欠定位　　　　　　　B. 过定位　　　　　　　C. 完全定位

(4)重复定位限制自由度的定位现象称为(　　)。

A. 完全定位　　　　　　B. 过定位　　　　　　　C. 不完全定位

(5)工件定位时,仅限制四个或五个自由度,没有限制全部自由度的定位方式称为(　　)。

A. 完全定位　　　　　　B. 欠定位　　　　　　　C. 不完全定位

(6)工件定位时,下列定位中(　　)定位不允许存在。

A. 完全定位　　　　　　B. 欠定位　　　　　　　C. 不完全定位

(7)加工精度高、(　　)、自动化程度高、劳动强度低、生产效率高等是数控机床加工的特点。

A. 加工轮廓简单、生产批量又特别大的零件

B. 对加工对象的适应性强

C. 装夹困难或必须依靠人工找正、定位才能保证其加工精度的单件零件

D. 适于加工余量特别大、材质及余量都不均匀的件坯

(8)下列( )不适应在数控机床上生产的零件。

A. 频繁更改的零件　　　　　　　B. 多工位和多工序可集中的零件

C. 难测量的零件　　　　　　　　D. 装夹困难的零件

(9)数控机床与普通机床比较,错误的说法是( )。

A. 都能加工特别复杂的零件

B. 数控机床的加工效率更高

C. 数控机床适应加工对新产品换代改型零件

D. 普通机床加工精度较低

(10)加工( )零件,宜采用数控机床加工。

A. 大批量　　　　B. 多品种中小批量　　C. 单件　　　　　D. 简单

3. 填空题

(1)在生产过程中,凡是改变生产对象的_____、_____、_____和_____等,使其成为成品或半成品的过程称为工艺过程。在工艺过程中,以按一定顺序逐步地改变_____、_____、_____和_____等,直至成为合格品零件的那部分过程称为机械加工工艺过程。

(2)生产过程是指的_____全过程。

(3)设计基准是在_____所采用的基准。

(4)工艺基准是在所使用的基准,可分为_____基准、_____基准、_____基准和_____基准。

(5)工件上用于定位的表面是确定工件的依据,称为_____。

(6)基准分为_____、_____。

(7)由于数控加工采用了计算机控制系统和数控机床,使得数控加工具有加工_____高、_____高、_____高、_____高、_____稳定、_____周期短等特点。

(8)规定零件制造和_____等的工艺文件称为工艺规程。

(9)尺寸链有两个特征:_____、_____。

(10)采用圆柱销定位时,必须有少量_____。

(11)采用布置恰当的六个支承点来消除工件六个自由度的方法称为_____。

(12)工件的实际定位点数,如不能满足加工要求,少于应有的点位数称为_____定位。这在加工中不允许出现。

4. 判断题

(1)数控机床的高科技含量,可使操作简单,可以不指定操作规程。　　　　　( )

(2)数控机床不适用于周期性重复投产的零件加工。　　　　　　　　　　　( )

(3)具有独立的定位作用且能限制工件的自由度支承称为辅助支承。　　　　( )

(4)因为毛坯表面的重复定位精度差,所以粗基准一般只能使用一次。　　　　( )

(5)同一工件,无论用数控机床加工还是用普通机床加工,其工序都一样。　　( )

(6)划分工序的主要依据是工作地点是否变动和工作是否连接。　　　　　　( )

(7)由于数控加工自适应性较好,因此在编写工艺时不必求全。　　　　　　( )

(8)工序尺寸一般不能直接采用零件图上的尺寸,而需另外处理计算得到。　　( )

(9)只有当工件的六个自由度全部被限制,才能保证加工精度。　　　　　　( )

（10）定位点多用于应限制的自由度数，说明实际上有些定位点重复限制了同一个自由度，这样的定位称为重复定位。 （　　）

5. 简答题

（1）数控加工工艺分析的目的是什么？包括哪些内容？

（2）什么叫重复定位？什么叫部分定位？

（3）在数控机床上按"工序集中"原则组织加工有何优点？

（4）与传统机械加工方法相比，数控加工有哪些特点？

（5）数控加工工艺的主要内容有哪些？

（6）工件以外圆柱面定位时常采用的定位元件及其特点是什么？

（7）工艺设计的好坏对数控加工具有哪些影响？

（8）什么是封闭环、增环、减环？

6. 计算题

（1）图 4-30 所示为轴套件，在车床上已经加工好外圆、内孔、各面，现在右端面上铣出缺口，并保证尺寸 $13_{-0.06}^{0}$ mm、28 ± 0.1 mm，试计算在调刀时的度量尺寸 H、A 及上下偏差。

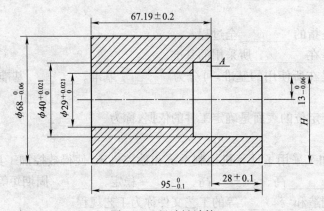

图 4-30　尺寸链计算

（2）图 4-31 所示为轴套件，外圆、内孔已经加工好，现在需要在铣床上铣出又缺口，并保证尺寸 $5_{-0.06}^{0}$ mm、$24_{0}^{+0.05}$ mm，试计算在调刀时的度量尺寸 H、A 及上下偏差。

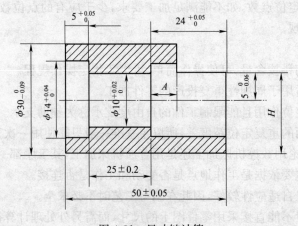

图 4-31　尺寸链计算

进行任务操作

任务 1：压盖（8U7Z02010020）编程与加工

任务单 1-1

适用专业：数控加工专业		适用年级：	
任务名称：压盖编程与加工		任务编号：R1-1	难度系数：中等
姓名：	班级：	日期：	实训室：

一、任务描述

　　1. 看懂零件图纸（见图 4-32）。

　　2. 根据零件图编制该零件的加工工艺安排，并填写加工工序卡片。

　　3. 根据零件图选择加工零件所用的刀具，并填写数控加工刀具表。

　　4. 选择合理的切削用量。

　　5. 根据加工程序卡片，编制该零件各工序的加工程序，并填写加工程序单。

　　6. 选择检测该零件的量具对零件进行检测。

二、相关资料及资源

　　相关资料：

　　1. 教材《数控车加工技术与操作》。

　　2. 工艺文件。

　　3. 教学课件。

　　相关资源：

　　1. 数控车床及附件。

　　2. 相关的量具。

　　3. 相关的刀具。

　　4. 零件的毛坯或半成品件。

　　5. 引导文 1-2。

　　6. 评价表 1-3。

　　7. 计算机及仿真软件。

三、任务实施说明

　　1. 学生分组，每小组＿＿＿人。

　　2. 小组进行任务分析，共同讨论，编制零件的加工工艺安排，并填写加工工序卡片。

　　3. 选择加工零件所用的刀具，并填写数控加工刀具表。

　　4. 共同编写零件各工序的加工程序，并填写加工程序单。

　　5. 用电脑仿真软件模拟加工零件，检验加工程序的正确性。

　　6. 现场教学，了解数控车床的结构，掌握数控机床安全操作规程、安全文明生产，了解数控机床的日常维护和保养，掌握数控车床的操作及操作的注意事项。

　　7. 小组成员独立操作数控车床加工零件，并进行测量。

　　8. 角色扮演，分小组进行讲解演示。

　　9. 完成引导文 1-2 相关内容。

四、任务实施注意点

　　1. 必须阅读《数控车床使用说明书》或工艺文件，熟悉其操作规程。

　　2. 操作数控车床时应确保安全，包括人身和设备的安全。

　　3. 禁止多人同时操作一台数控车床。

　　4. 遇到问题时小组进行讨论，可让老师参与讨论，通过团队合作获取问题的解决。

　　5. 注意成本意识的培养。

五、知识拓展

    1. 钳工划线。

    2. 在钻床上钻孔。

任务分配表：

姓　　名	内　　　　容	完成时间

任务执行人：

评价 姓名	自评（10%）	互评（10%）	教师对个人的评价 （80%）	备　　注

日期：　　年　月　日

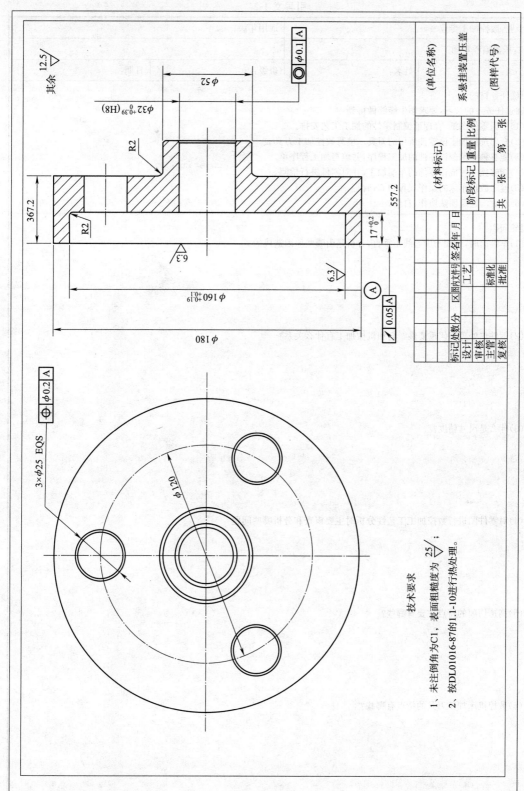

图 4-32 压盖零件图

技术要求

1、未注倒角为C1,表面粗糙度为 $\frac{25}{\nabla}$;

2、按DL01016-87的1.1-10进行热处理。

引导文 1-2

适用专业:数控加工专业		适用年级:	
任务 1:压盖编程与加工			
学习小组:	姓名:	班级:	日期:

一、明确任务目的

　　通过任务 1 的学习,要求学生能够做得到:

　　(1)根据零件图纸,合理地编制零件的加工工艺安排。

　　(2)合理选择加工该零件所用的刀具。填写数控加工刀具表。

　　(3)能够独立编制该零件的加工程序,并填写加工程序单。

　　(4)能够独立完成该零件的车削加工,并对零件进行检测。

　　(5)遵守数控车床的操作规程和 6S 管理。

　　(6)有效沟通及团队协作、自信。

二、引导问题

　　(1)车端面时,端面与中心线不垂直,分析是由哪些原因造成的。

　　(2)钢件热处理有何重要性? 它和机械加工有什么关系?

　　(3)什么是尺寸精度?

　　(4)对零件图进行数控加工工艺性分析时主要审查和分析哪些问题?

　　(5)高速切削的特点主要有哪些?

　　(6)数控机床加工刀具的特点有哪些?

三、引导任务实施

　　(1)根据任务单 1-1 给出的零件图,编制零件的加工工艺安排。

　　(2)根据零件的加工工艺安排选择刀具、量具,并填写刀具表。

　　(3)编写零件的加工程序需要哪些 G 指令、M 指令和其他指令。

　　(4)加工该零件应选择什么规格的毛坯。

　　(5)编写在数控车床上加工零件时出现了哪些问题。当加工精度和表面粗糙度达不到要求时怎样解决的。

四、评价

根据本小组的学习评价表,相互评价,请给出小组成员的得分:

任务学习其他说明或建议:

指导老师评语:

任务完成人签字:　　　　　　　　　　　　　　　　　　　　日期:　　年　月　日

指导老师签字:　　　　　　　　　　　　　　　　　　　　　日期:　　年　月　日

数控加工工序卡

工 序 卡							产品名称	零件名称	零件图号
工序号	程序编号	材 料		数 量			夹具名称	使用设备	车间(班组)
工步号	工步内容		切削用量				刀 具		量 具
			V(m/min)	n(r/min)	F(mm/min)	a_p(mm)	编号	名称	编号 名称
1									
2									
3									
4									
5									
6									
7									
8									
9									
10									
11									
12									
编制		审核		批准			共 页		第 页

数控加工刀具卡

产品名称或代号			零件名称			零件图号	
序号	刀具号	刀具规格名称	刀具参数		刀补地址		
			刀尖半径	刀杆规格	半 径	形 状	
1							
2							
3							
4							
5							
6							
7							
8							
9							
10							
11							
12							
编制		审核		批准		共 页	第 页

数控加工程序卡

零件图号		零件名称		编制日期	
程　序　号		数控系统		编　　制	
程序内容			程序说明		

评价表 1-3

每一个任务的考核方式以考核评价方式与标准为依据,分为自我评价、小组成员互相评价、教师评价三部分,其中自我评价占总成绩的 10%,小组成员互相评价占总成绩的 10%,教师评价占总成绩的 80%,各部分评价标准如下表。每个任务总成绩评定等于三项成绩加权值。

任务 1:压盖(8U7Z02010020)编程与加工

考核评价方式与标准

学习领域名称				日　期	
姓　名		工 位 号			
开工时间	·	设备型号			
序号	考核评价项目	考核评价内容	成绩比例(%)(100分)	得分	备注
1	基本知识技能水平评价	工具使用、量具使用、夹具使用、刃具使用	10		
2	理论知识水平评价	专业理论知识掌握程度	12		
3	实作能力评价	对机床操作、产品加工技能的理解与应用	38		
4	任务完成情况评价	产品生产率完成情况	10		
5	团队合作能力评价	小组或同学之间根据表现互相评价	10		
6	产品质量评价	产品合格率完成情况	10		
7	工作态度评价	按照合格员工进行考核	10		
	合计				

1. 基本知识技能水平评价方式与标准

序号	考核评价项目	考核内容	配分标准(10分)	得分	备注
1	工具使用	机床工具、辅具能够正确使用	2.5		
2	量具使用	与加工产品有关的各种量具正确使用	2.5		
3	夹具使用	与加工产品有关的各种夹具正确使用	2.5		
4	刃具使用	与加工产品有关的各种刀具正确使用	2.5		
	小计				

2. 理论知识水平评价方式与标准

序号	考核评价项目	考核内容	配分标准(12分)	得分	备注
1	零件图的识读	是否对产品零件图有正确识读,包括技术要求、标题栏的要求等	2		
2	被加工材料的认知	能够对被加工材料有明确的认识,并掌握被加工材料的特点	2		
3	刀具的选择	根据零件加工要求合理选择刀具	2		
4	被加工工件尺寸公差要求	能够正确理解零件图尺寸要求,并理解被加工零件用途,重点尺寸对装配产生的影响	2		
5	对被加工零件装夹的认知	根据产品加工要求,能够合理装夹零件	2		
6	零件的加工程序编制	能够熟练掌握数控知识,进行加工程序的编制	2		
	小计				

3. 实作能力水平评价方式与标准					
序号	考核评价项目	考核内容	配分标准(38分)	得分	备注
1	机床的操作	能够正确操作机床	4		
2	对刀操作	能够正确完成所需刀具对刀操作及参数设置	4		
3	零件的加工	能够在老师或师傅讲解演示后按工艺要求完成对零件的加工	15		
4	零件的测量	零件的尺寸在公差范围内,如果在工序中出现不合格品,(3)、(4)项为否定项,不得分	15		
5	零件加工不符合工艺要求,由指导老师或师傅详细填写原因				
	小计				
4. 任务完成情况评价方式与标准					
序号	考核评价项目	考核内容	配分标准(10分)	得分	备注
1	计划生产任务	根据《车间生产作业计划表》进行考核	3		
2	临时下达的生产任务	根据生产部门临时下达任务进行考核	3		
3	生产任务完成总结	根据本月生产产品数量情况进行统计,并填写本月工作票	4		
	小计				
5. 团队合作能力评价方式与标准					
序号	考核评价项目	考核内容	配分标准(10分)	得分	备注
1	团队合作	任务执行力	5		
2		协作精神	5		
	小计				
6. 产品质量评价方式与标准					
序号	考核评价项目	考核内容	配分标准(10分)	得分	备注
1	自我检查	针对加工的产品进行自检	2.5		
2	互相检查	针对加工的产品进行小组、教师或师傅互检	2.5		
3	专业检查	针对加工产品由车间专业检查员进行检查	2.5		
4	自我总结	根据本月生产产品数量情况进行产品质量统计,并填写本月工作票	2.5		
	小计				
7. 工作态度评价方式与标准					
序号	考核评价项目	考核内容	配分标准(10分)	得分	备注
1	学习态度	职业素质	5		
2		实训态度	5		
	小计				

任务 2:水泵轴(TC621018-87)编程与加工

任务单 2-1

适用专业:数控加工专业		适用年级:		
任务名称:水泵轴编程与加工		任务编号:R2-1		难度系数:中等
姓名:	班级:	日期:		实训室:

一、任务描述

    1. 看懂零件图纸(见图 4-33)。

    2. 根据零件图编制该零件的加工工艺安排,并填写加工工序卡片。

    3. 根据零件图选择加工零件所用的刀具,并填写数控加工刀具表。

    4. 选择合理的切削用量。

    5. 根据加工程序卡片,编制该零件各工序的加工程序,并填写加工程序单。

    6. 选择检测该零件的量具对零件进行检测。

二、相关资料及资源

    相关资料:

    1. 教材《数控车加工技术与操作》。

    2. 工艺文件。

    3. 教学课件。

    相关资源:

    1. 数控车床及附件。

    2. 相关的量具。

    3. 相关的刀具。

    4. 零件的毛坯或半成品件。

    5. 引导文 2-2。

    6. 评价表 2-3。

    7. 计算机及仿真软件。

三、任务实施说明

    1. 学生分组,每小组_____人。

    2. 小组进行任务分析,共同讨论,编制零件的加工工艺安排,并填写加工工序卡片。

    3. 选择加工零件所用的刀具,并填写数控加工刀具表。

    4. 共同编写零件各工序的加工程序,并填写加工程序单。

    5. 用电脑仿真软件模拟加工零件,检验加工程序的正确性。

    6. 现场教学,了解数控车床的结构,掌握数控机床安全操作规程、安全文明生产,了解数控机床的日常维护和保养,
掌握数控车床的操作及操作的注意事项。

    7. 小组成员独立操作数控车床加工零件,并进行测量。

    8. 角色扮演,分小组进行讲解演示。

    9. 完成引导文 2-2 相关内容。

四、任务实施注意点

    1. 必须阅读《数控车床使用说明书》或工艺文件,熟悉其操作规程。

    2. 操作数控车床时应确保安全,包括人身和设备的安全。

    3. 禁止多人同时操作一台数控车床。

    4. 遇到问题时小组进行讨论,可让老师参与讨论,通过团队合作获取问题的解决。

    5. 注意成本意识的培养。

五、知识拓展

　　1. 不锈钢材料加工有关方面的知识。

　　2. 加工端面孔。

任务分配表：

姓　　名	内　　　容	完成时间

任务执行人：

评价 姓名	自评(10%)	互评(10%)	教师对个人的评价 (80%)	备　　注

日期：　　年　月　日

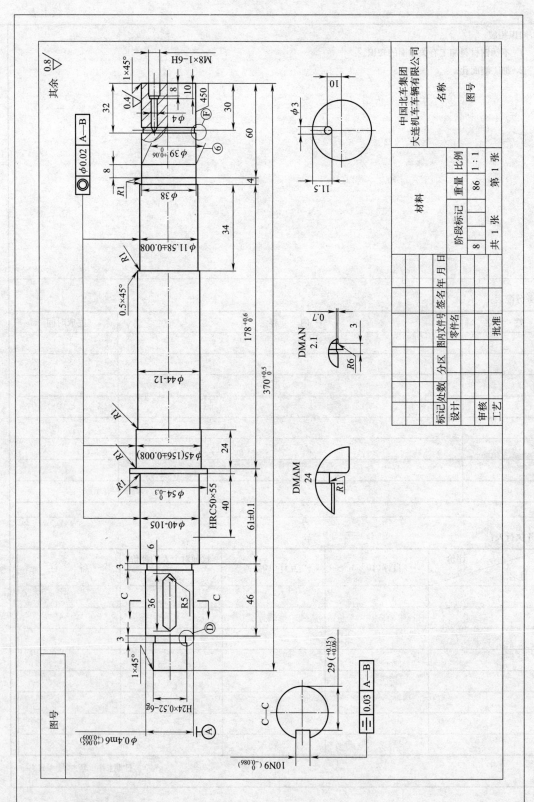

图 4-33　水泵零件图

引导文 2-2

适用专业:数控加工专业		适用年级:	
任务 2:水泵轴编程与加工			
学习小组:	姓名:	班级:	日期:

一、明确任务目的

通过任务 2 的学习,要求学生能够做得到:

(1)根据零件图纸,合理地编制零件的加工工艺安排。

(2)合理选择加工该零件所用的刀具。填写数控加工刀具表。

(3)能够独立编制该零件的加工程序,并填写加工程序单。

(4)能够独立完成该零件的车削加工,并对零件进行检测。

(5)遵守数控车床的操作规程和 6S 管理。

(6)有效沟通及团队协作、自信。

二、引导问题

(1)什么是基准统一的原则?

(2)车削不锈钢工件时应采用哪些措施?

(3)加工左旋螺纹与各螺旋纹有什么不同?

(4)刀具半径补偿功能的特点?

(5)数控机床加工刀具的特点有哪些? 加工不锈钢应选用什么材料的刀具?

(6)车削水泵轴应选择怎样的装夹方法? 为什么?

三、引导任务实施

　　(1)根据任务单 2-1 给出的零件图,编制零件的加工工艺安排。

　　(2)根据零件的加工工艺安排选择刀具、量具,并填写刀具表。

　　(3)编写零件的加工程序需要哪些 G 指令、M 指令和其他指令。

　　(4)加工该零件应选择什么规格的毛坯。

　　(5)编写在数控车床上加工零件时出现了哪些问题。当加工精度和表面粗糙度达不到要求时怎样解决。

四、评价

根据本小组的学习评价表,相互评价,请给出小组成员的得分:

任务学习其他说明或建议:

指导老师评语:

任务完成人签字:	日期: 年 月 日
指导老师签字:	日期: 年 月 日

数控加工工序卡

工 序 卡						产品名称	零件名称	零件图号
工序号	程序编号	材料	数　量			夹具名称	使用设备	车间(班组)
工步号	工步内容		切削用量				刀　具	量　具

工步号	工步内容	V(m/min)	n(r/min)	F(mm/min)	a_p(mm)	编号	名称	编号	名称
1									
2									
3									
4									
5									
6									
7									
8									
9									
10									
11									
12									
编制		审核		批准			共　　页	第　　页	

数控加工刀具卡

产品名称或代号			零件名称			零件图号		
序号	刀具号	刀具规格名称	刀具参数			刀补地址		
序号	刀具号	刀具规格名称	刀尖半径	刀杆规格		半　径	形　状	
1								
2								
3								
4								
5								
6								
7								
8								
9								
10								
11								
12								
编制		审核		批准		共　　页	第　　页	

数控加工程序卡

零件图号		零件名称		编制日期	
程 序 号		数控系统		编　　制	
程序内容				程序说明	

评价表 2-3

> 每一个任务的考核方式以考核评价方式与标准为依据,分为自我评价、小组成员互相评价、教师评价三部分,其中自我评价占总成绩的 10%,小组成员互相评价占总成绩的 10%,教师评价占总成绩的 80%,各部分评价标准如下表。每个任务总成绩评定等于三项成绩加权值。

任务 2:水泵轴(TC621018-87)编程与加工

考核评价方式与标准

学习领域名称				日 期	
姓 名			工 位 号		
开工时间			设备型号		

序号	考核评价项目	考核评价内容	成绩比例(%)(100分)	得分	备注
1	基本知识技能水平评价	工具使用、量具使用、夹具使用、刀具使用	10		
2	理论知识水平评价	专业理论知识掌握程度	12		
3	实作能力评价	对机床操作、产品加工技能的理解与应用	38		
4	任务完成情况评价	产品生产率完成情况	10		
5	团队合作能力评价	小组或同学之间根据表现互相评价	10		
6	产品质量评价	产品合格率完成情况	10		
7	工作态度评价	按照合格员工进行考核	10		
合计					

1. 基本知识技能水平评价方式与标准

序号	考核评价项目	考核内容	配分标准(10分)	得分	备注
1	工具使用	机床工具、辅具能够正确使用	2.5		
2	量具使用	与加工产品有关的各种量具正确使用	2.5		
3	夹具使用	与加工产品有关的各种夹具正确使用	2.5		
4	刀具使用	与加工产品有关的各种刀具正确使用	2.5		
小计					

2. 理论知识水平评价方式与标准

序号	考核评价项目	考核内容	配分标准(12分)	得分	备注
1	零件图的识读	是否对产品零件图有正确识读,包括技术要求、标题栏的要求等	2		
2	被加工材料的认知	能够对被加工材料有明确的认识,并掌握被加工材料的特点	2		
3	刀具的选择	根据零件加工要求合理选择刀具	2		
4	被加工工件尺寸公差要求	能够正确理解零件图尺寸要求,并理解被加工零件用途,重点尺寸对装配产生的影响	2		
5	对被加工零件装夹的认知	根据产品加工要求,能够合理装夹零件	2		
6	零件的加工程序编制	能够熟练掌握数控知识,进行加工程序的编制	2		
小计					

3. 实作能力水平评价方式与标准					
序号	考核评价项目	考核内容	配分标准(38分)	得分	备注
1	机床的操作	能够正确操作机床	4		
2	对刀操作	能够正确完成所需刀具对刀操作及参数设置	4		
3	零件的加工	能够在老师或师傅讲解演示后按工艺要求完成对零件的加工	15		
4	零件的测量	零件的尺寸在公差范围内,如果在工序中出现不合格品,(3)、(4)项为否定项,不得分	15		
5	零件加工不符合工艺要求,由指导老师或师傅详细填写原因				
	小计				
4. 任务完成情况评价方式与标准					
序号	考核评价项目	考核内容	配分标准(10分)	得分	备注
1	计划生产任务	根据《车间生产作业计划表》进行考核	3		
2	临时下达的生产任务	根据生产部门临时下达任务进行考核	3		
3	生产任务完成总结	根据本月生产产品数量情况进行统计,并填写本月工作票	4		
	小计				
5. 团队合作能力评价方式与标准					
序号	考核评价项目	考核内容	配分标准(10分)	得分	备注
1	团队合作	任务执行力	5		
2		协作精神	5		
	小计				
6. 产品质量评价方式与标准					
序号	考核评价项目	考核内容	配分标准(10分)	得分	备注
1	自我检查	针对加工的产品进行自检	2.5		
2	互相检查	针对加工的产品进行小组、教师或师傅互检	2.5		
3	专业检查	针对加工产品由车间专业检查员进行检查	2.5		
4	自我总结	根据本月生产产品数量情况进行产品质量统计,并填写本月工作票	2.5		
	小计				
7. 工作态度评价方式与标准					
序号	考核评价项目	考核内容	配分标准(10分)	得分	备注
1	学习态度	职业素质	5		
2		实训态度	5		
	小计				